青少年 STEAM 活动核心系列丛书

乐学 Python 编程
——做个游戏很简单

王振世　编著

清华大学出版社

北　京

内 容 简 介

Python 简单易学又功能强大，而且免费开源，在国内外的很多公司得到了广泛的应用。在科学计算、游戏、图像、人工智能、机器人、教育教学和航天飞机控制等很多领域，Python 也是非常重要的编程工具。

本书有大量的 Python 程序实例，包括绘制一些有趣的图形，解决一些常见的数学问题，爬取网络的信息，以及设计简单的交互性游戏。在程序实例的讲解中，介绍 Python 编程的基础知识。

本书提供的编程实例，读者会非常感兴趣，愿意去验证和改编。本书提供的游戏，都是孩子们日常接触过的游戏，非常容易理解。建议读者自行运行、修改、拆分、组装这些程序，看看自己的改动会如何影响最终的程序效果。

本书适合广大读者在 Python 编程学习的入门阶段使用。年龄小的读者需在家长的辅导下学习和理解。

图书在版编目（CIP）数据

乐学 Python 编程 . 做个游戏很简单 / 王振世编著 . —北京：清华大学出版社，2019
（青少年 STEAM 活动核心系列丛书）
ISBN 978-7-302-51986-7

Ⅰ.①乐…　Ⅱ.①王…　Ⅲ.①软件工具—程序设计—青少年读物　Ⅳ.①TP311.561-49

中国版本图书馆 CIP 数据核字 (2018) 第 297585 号

责任编辑：贾小红
封面设计：魏润滋
版式设计：王凤杰
责任校对：马军令
责任印制：沈　露

出版发行：清华大学出版社
　　　　　网　　　址：http://www.tup.com.cn，http://www.wqbook.com
　　　　　地　　　址：北京清华大学学研大厦 A 座　　　邮　　编：100084
　　　　　社 总 机：010-62770175　　　　　　　　　　邮　　购：010-62786544
　　　　　投稿与读者服务：010-62776969，c-service@tup.tsinghua.edu.cn
　　　　　质 量 反 馈：010-62772015，zhiliang@tup.tsinghua.edu.cn
印 装 者：北京亿浓世纪彩色印刷有限公司
经　　销：全国新华书店
开　　本：170mm×230mm　　印　张：15.25　　字　数：245 千字
版　　次：2019 年 4 月第 1 版　　　　　　　印　次：2019 年 4 月第 1 次印刷
定　　价：69.80 元

产品编号：080284-02

前　言

世上有两种设计软件的方法：一种是尽量的简化，以至于明显没有任何缺陷；而另一种是尽量复杂化，以至于找不到明显的缺陷。

——Charles Antony Richard Hoare

 写作背景

Python 是不可多见的既简单易学、又功能强大的编程语言，它就是采用了尽量简化的设计思路。你将惊喜地发现，阅读一个良好的 Python 程序像是在读一篇流畅的英语文章一样，尽管这篇英语文章的语法要求非常严格。

只要能上网就能够获取 Python 的安装程序。Python 不但免费，而且源代码公开。正因为如此，越来越多的人开始喜欢使用 Python 编程，越来越多的行业开始应用 Python。

国内国外很多公司，如腾讯、阿里、豆瓣、谷歌、YouTube 和 NASA（美国国家航空航天局）都在用 Python。在科学计算、游戏、图像、人工智能、机器人、教育教学和航天飞机控制等诸多领域，Python 有着广泛的应用。

Python 可以说是 21 世纪最有前途的编程语言之一。

 学习方法

学习编程是先学习程序的语法，还是先运行一个程序实例呢？

对资深的程序员来说，这似乎不是一个问题。但对于初学编程的人来说，这个问题就比较重要了。是要孩子们先体会到爬山的艰难，还是要先体会到爬山的乐趣呢？

如果孩子们首先接触到的是 Python 编程大量的概念，如变量、循环、函数、字典等，当他们在面对一个空白的程序编辑器时，仍然可能会感到恐惧，不知所措。而直接教孩子们运行一个程序实例，改写一个简短代码，这样会让他们体会到编程的乐趣，远优于只和他们谈概念和定义。

让孩子们尽快运行一行代码，改写一段代码，动起手来吧！让他们尽情尝试吧！

当家长在和孩子一同练习一段 Python 代码的时候，一定要避免出现抢孩子键盘，指责孩子尝试过程中出现错误的冲动，甚至短暂的打扰也是不应该的。如果他们拿着鼠标，看着键盘，却不知道下一步该怎么操作的时候，家长要去引导他们，而不是自己着急上火，抢过鼠标去操作。不管他们要输入什么代码，都让他们自己去输入。毕竟要学习编程的不是家长！

本书有大量的 Python 程序实例，鼓励孩子们自行运行、修改、拆分、组装，让他们看看自己的改动如何影响最终的程序效果。如果改乱了，改不好，就和下载的原始代码比较一下，看有哪些不同，或者索性拿原始代码重新再修改。一旦孩子们尝试了 Python 编程世界提供的各种可能，他们很快会找到自己的兴趣所在。

记住，尽管好的程序凝结了人类的智慧，但它首先是个需要动手练习的技能，一开始就坐而论道是不好的。让我们带着孩子们立刻打开 Python 交互式 Shell（IDLE）命令行，输入他们的第一行代码 print("hello,world")，然后按下回车键！

 **本书特点**

本书对计算机软硬件环境要求简单，只要拥有一台计算机，装好 Windows 操作系统，装好 Python，便可以完成本书的案例。请扫描本书封底二维码下载本书附带的源代码，然后务必把这些代码保存在计算机的本地目录下以供查看。如果 Python 2.X 放在中文目录名称下，运行代码会出现错误，这是因为 Python 2.X 运行环境对中文的处理不太完善。Python 3.X 运行环境就不存在这个问题。

本书对基本概念的阐述使用了大量易于理解的比喻和故事，同时使用了对话式讲解，将读者可能提出的问题和回答表现出来。相信读者会对本书提供的编程案例非常感兴趣，并愿意去验证和改编。本书提供的游戏编程都是孩子们日常接触过的游戏，非常容易理解。

本书以程序实例为主线，由浅入深地阐述 Python 编程。它不是 Python 编程语法字典，但实例会涉及必要的、基本的编程知识和概念，也会以"编程一点通"

的形式来讲解。本书以实践为主，不会穷尽所有的 Python 概念。读者有了感悟和实操能力以后，碰到新的 Python 的编程知识，可以通过查阅语法类的书籍或上网查询相关概念来深化理解。

本书注重的是如何解决问题，而不是 Python 编程语言的语法和结构！

本书结构

本书的第 1 章讲解了如何启动 Python 编程环境、Python 的特点，以及如何运行 Python 程序。在这之前如果你还没有安装好 Python 程序，请按照附录 A 和 B 的指引完成安装。

接下来，在第 2 章我们使用 turtle 库画基本图形和组合图形。家长要带着孩子观察一下画笔的运行和代码的关系。通过改动和调整让孩子理解代码是如何控制程序运行的。

在第 3 和第 4 章，我们仍然用 turtle 画图，但使用了循环和函数，使得代码更加简洁，更加直观。

在第 5 章，我们解决了一些数学问题，这是程序设计的基本技能。很多问题的解决需要一些数学基础。

很多读者都听到过网络爬虫的概念，并希望自己能从网上爬到一些有用的信息。第 6 章以天气预报器为例，介绍了从网络中爬取信息的方法。

在第 7 章～第 9 章，我们循序渐进地介绍了打地鼠游戏和击落飞机游戏的实现过程，让孩子在游戏逐渐成型的过程中体会到编写代码的乐趣。

本书中所有的程序实例都可以通过扫描本书封底二维码获取。大家务必要下载使用。

适合读者

如果你已经是 Python 开发的高手，或者有大型程序项目的开发经验，那么本书肯定不适合你。因为这里介绍的内容在高手眼里可能是比较粗浅的。因此，除高手之外的读者都适合阅读本书。

本书尤其适合广大青少年在 Python 编程学习的入门阶段使用。年龄小的读者需在家长的辅导下学习和理解。

致谢

　　首先感谢我的父亲和母亲，是他们的持续鼓励和默默支持，使我能够长时间专注于计算机编程语言的科普写作。其次，要感谢我的妻子和孩子，温暖的家庭生活是我持续奋斗的原动力。尤其要感谢的是何家欢女士，她的配图构思不仅折射出她对 Python 语言的深刻理解，而且体现了她乐观和幽默的特质，我非常享受和何家欢女士默契合作的过程。

　　我还要感谢清华大学出版社的王莉编辑。王莉编辑对本书精益求精的工作态度令我佩服，感谢她充分为读者考虑和持续付出的精神。

　　最后，感谢所有的读者朋友，你们的持续关注是原创作者最大的欣慰。

　　由于作者水平有限，书中难免有疏漏之处，敬请批评指正。

王振世

2019 年 1 月

目　录

知之者不如好之者，好之者不如乐之者。

———《论语·雍也》

1 ➡

编程环境

进入 Python 编程世界

使用 Python 可以画出漂亮的图形，感觉自己的艺术细胞一下子多了很多，这是一件非常值得骄傲的事情。我们选择 Python，并不是人云亦云，要了解一下 Python 的优点和特点。想要使用 Python 编程，更要有落地的行动。首要的是学会启动 Python 并进入 Python 的编程环境，然后能够运行 Python 程序，如图 1-1 所示。

本章我们将学会

（1）启动 Python 编程环境。

（2）编程知识：数学运算。

（3）Python 语言的特点是简单强大，是一门高级的、面向对象的和动态的解释型语言，最重要的是它免费开源。

（4）Python 是个胶水语言，使用 import 可以导入 Python 自带的库和第三方的库。

（5）有 3 种方式运行 Python 程序：鼠标直接双击 *.py 文件，使用 IDLE 的 Run 菜单，在 cmd 命令行界面中运行。

（6）编程知识：程序与指令。

图 1-1　开始 Python

世上只有两种编程语言：一种是总被人骂的，一种是从来没人用的。

——Bjarne Stroustrup

电小白："我们今天开始学的 Python 是什么东西？名字怎么这么怪？"

清青老师："Python 是一门编程语言！程序员们可以使用 Python 编写程序！"

电小白查了一下英汉字典，找到了 Python 的中文含义，说："Python 这个编程语言和大蟒蛇是什么关系呢？"

清青老师："现在 Python 的标志就是两条大蟒蛇（见图 1-2），你可以在它的官网 https://www.python.org/ 看到这个标志。不过最初用它来命名这个编程语言，只是因为创始人龟叔吉多·范罗苏姆（Guido van Rossum）喜欢的马戏团叫这个名字。"

图 1-2　Python 的标志

电小白翻了一下讲解 Python 的书，看到了 turtle（海龟）这个英文单词，又说："看来创作 Python 的人确实对小动物比较感兴趣，这里又有个海龟。"

清青老师："是的，turtle 是 Python 语言中一个很流行的绘图工具库。"

"对了，你刚才叫 Python 的创始人为龟叔，是不是和这个有关？"电小白问。

清青老师："一种说法是和 turtle 本意有关，还有一种说法是龟叔的名字 Guido，发音类似'龟叔'（见图 1-3）。"

电小白说："原来如此！"

图 1-3　Python 是什么

1.1　启动 Python 编程环境

我们可以把 Python 看成是一个非常有意思的工具，用它可以画出非常漂亮的图形，如图 1-4 所示。

视频讲解

图 1-4　用 Python 画的漂亮的花瓣

那么，如何用 Python 画出这么漂亮的图形呢？相信学完本书，画这个图形对你来说，就是小菜一碟了。那么，我们立刻开始 Python 学习的旅程吧！

想要开车的时候，首先需要把车发动起来。同样地，想要使用 Python 编程，我们需要先启动 Python，进入 Python 的编程环境。

1.1.1　运行 Python 的两种方式

在安装好 Python 的 Windows 系统中，有两种方式可运行 Python，如图 1-5 所示。

图 1-5　Python 的两种启动方式

第一种方式是使用 IDLE。IDLE 是 Python 软件包自带的一个集成开发环境，我们可以利用它来创建、运行、测试和调试 Python 程序。这个 Python 的 IDLE，也可以叫 Python 的壳（Shell）。

如果说用 Python 编程序是加工一件工艺品的话，IDLE 就是生产工艺品的机床。我们可以在"开始"菜单→"程序"→"Python 3.7"的位置找到这台"机床"，如图 1-6 所示，单击 IDLE 启动"机床"，如图 1-7 所示。

图 1-6　启动 Python 的位置

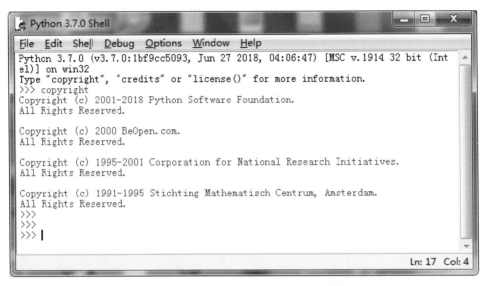

图 1-7　Python IDLE（Shell）启动界面

第二种运行 Python 的方式是通过命令行。我们可以在"开始"菜单→"程序"→"Python 3.7"的位置找到 Python 命令行，也可以在 Windows 自带的 cmd 命令行界面输入 python 命令，按回车（Enter）键，如图 1-8 所示。

图 1-8　Python 命令行打开方式

用这两种方式启动 Python 后，都可以看到命令提示符">>>"，我们可以在这个提示符后写入代码。

1.1.2　编程一点通：数学运算

数学里，加、减、乘、除、平方和括号是常见的运算符号。Python 用的数学运算符和数学课上用的运算符含义是一样的，但表现形式可能略有区别。我们注意到程序里的乘（*）和除（\）与数学课本上的乘（×）和除（÷）符号不一样，这是为了在计算机键盘方便输入这些运算符而做出的变化。同样地，一个数 x 的 n 次方，在数学课本中可以表示为 x^n，但在计算机程序里，这样表示就很不方便，于是就改为 $x**n$。

在提示符 ">>>" 后，Python 可以当作一个计算器来使用，和数学运算符号的对应关系如表 1-1 所示。

表 1-1　数学运算符号

数学运算符号	Python 数学符号	含　义
+	+	加
−	−	减
×	*	乘
÷	/	除
5^2	5**2	指数
（）	（）	括号

在 Python 里输入一个算式，Python 能够帮助我们给出相应的得数，如图 1-9 所示。这里我们以动手实践为荣，以只看不练为耻，大家可以自己试一试！

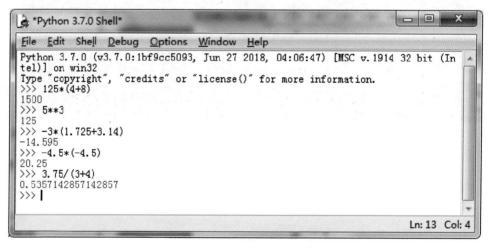

图 1-9　Python 的数学运算

1.2　Python 之禅

Beautiful is better than ugly.（优美胜于丑陋。Python 以编写优美的代码为目标。）

Explicit is better than implicit.（明了胜于晦涩。优美的代码应当是明了的，命名规范的，风格相似的。）

Simple is better than complex.（简洁胜于复杂。优美的代码应当是简洁的，不要有复杂的内部实现。）

Complex is better than complicated.（复杂胜于凌乱。如果不可避免地需要复杂，那代码间也要保持接口简洁，不能有难以理清的关系。）

Flat is better than nested.（扁平胜于嵌套。优美的代码应当是扁平的，不能有太多的嵌套。）

Sparse is better than dense.（间隔胜于紧凑。优美的代码应当有适当的间隔，不要奢望一行代码解决问题。）

Readability counts.（可读性很重要。优美的代码是可读的。）

Special cases aren't special enough to break the rules.（即使以特例之名，也不能违背这些规则。）

……

以上就是 Python 之禅（The Zen of Python），如图 1-10 所示，是 Python 编程语言的设计和使用的重要指导原则。

图 1-10　Python 之禅

我们在 Python 命令行的提示符后输入 import this 并按回车键，可以看到如图 1-11 所示的 Python 之禅。

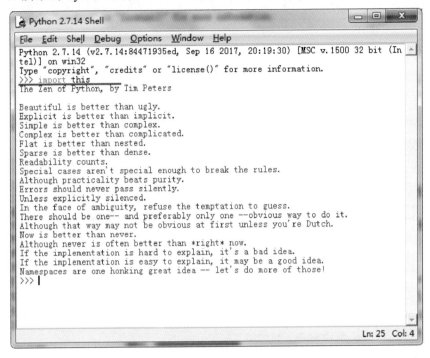

图 1-11　Python 之禅

虽然初学 Python 时，由于没有大量的编程实践，无法彻底理解这些编程的精髓。但是这段话是非常重要的，在此我们先读一遍，以后在实践中将慢慢领悟。等若干年后，你已经编写了很多 Python 程序，再回过头来看，会发现原来讲得如此有道理。

1.2.1　Python 语言的特点

学英语对编程是有好处的，但当一种能够让程序员通过简单的英语来编程的语言诞生后，你会发现程序员们再也不会正常地说英语。

——无名氏

如果你只有一把锤子，你会把所有的问题都首先看成是钉子。

——马斯洛

显然，很多问题不是钉子，它可能是水，需要用一个容器来装，锤子并不是解决这类问题的最佳方式。很多人由于眼前的条件和环境限制了自己的思维能力和想象能力，进而限制了自己的创造力。

现在世界上有 600 多种编程语言，但最流行的编程语言也就十几种。随着智能硬件的发展和数据分析需求的增加，Python 从编程语言的流行程度上讲，已经进入了前五名。

编程语言可谓"八仙过海，各显神通"。举例来说，C 语言适合开发那些追求运行速度、充分发挥硬件性能的程序，而 Python 是用来编写应用程序的高级编程语言。

人多学会一门语言，就多了一种人际沟通的工具，多了一维认知世界的能力。同样地，人多学会一门编程语言，就多了一种和计算机世界、智能硬件沟通的工具，多了一种思维方式的突破，也就多了一种解决实践问题的能力。

这样你会发现，你比以前洞察得更多，认知得更多，得到的更多。

龟叔给 Python 的定位是"优雅""明确""简单"，我们要尽量写容易看明白的代码，尽量写简短的代码。所以其他语言几百行写的程序，用 Python 也许只需要几十行。

Python 是不可多见的既简单易学，又功能强大的编程语言。你将惊喜地发现，阅读一个良好的 Python 程序就像是在读一篇流畅的英语文章一样，尽管这篇英语文章的语法要求非常严格。Python 语言就是这么简单，它注重的是如何解决问题，而不是编程语言的语法和结构。

如果一个资深的程序员向你炫耀他写的代码晦涩难懂、动不动就几十万行，你可以尽情地嘲笑他。

Python 是免费开源的，如图 1-12 所示，任何人都可以从官网免费下载 Python 的安装软件、源代码及其使用说明文档，这与现在计算机领域的开源运动和互联网自由开放的精神是一致的。

有些大公司的代码不愿意开放，其实最可能的原因是代码是由多个人堆砌起来的，写得太糟糕，一旦开源，将面临很多人的攻击和挑战，就会没人敢用他们的产品。互联网上有很多非常优秀的开源代码，任何公司和个人千万不要高估自己写的程序，以为有多么大的"商业价值"。

图 1-12　Python 是免费开源的

任何事有利有弊，任何人都有优点，有缺点。Python 也不例外，它也有缺点。

首先，Python 程序比 C 程序运行速度慢。因为 C 程序在运行前，就已直接编译成 CPU 能执行的机器码。而 Python 是解释型语言，代码在执行程序时需要一行一行地翻译成 CPU 能理解的机器码。这个翻译过程非常耗时，所以运行速度很慢。

不过，对于很多网络相关的应用程序，程序的运行速度并不是用户感知的瓶颈，网速才是瓶颈。例如，看一个视频，C 程序运行 0.01 秒，Python 程序运行 0.5 秒，慢了 50 倍，但网络更慢，花了用户 3 秒。对用户来说，等待的时间主要花在了网络上，程序的运行时间感知并不明显。如同一辆宝马汽车和一辆三轮车，都被堵在了小路上，速度都快不起来。

Python 的第二个缺点是程序必须开源，发布程序时，必须发布源码，不能加密。这是由于 Python 是解释型语言，不像 C 语言可以把编译好的机器码发布出去，要从机器码反推出 C 代码是不可能的。不过在如今的移动互联网时代，靠卖软件授权的商业模式越来越少了，靠网站和移动应用卖服务的模式越来越多了。这种卖服务的模式是不用担心把源码给别人的。

1.2.2　编程一点通：高级语言、面向对象、动态和解释型语言

所谓高级是指距离机器硬件较远、距离人类较近的语言。也就是说，人类可以很容易利用高级语言进行编程，而无须了解硬件系统的复杂细节。高级编程语言如同人类和计算机硬件之间的高级翻译，我们不需要了解对方太多，就可以和

对方随心所欲地沟通。

面向对象是指 Python 可将任何编程目标当作一组可以设置的属性、可以操作的动作。编程过程如同指挥这个对象按照我们的想法改变它自己，按照我们的想法完成一个任务。

动态是指在程序运行过程中，可以添加或者删除对象的属性、方法，而不需事先编译好。也就是说，动态就是不需要目标对象始终加载在运行的程序中，而是可以根据程序运行的需要加载或卸载对象。

解释型语言是指执行一个程序无需将所有代码在整体上编译成机器语言，而是可以将程序代码逐行执行，后续代码的执行问题不会影响前面代码的运行。

Python 是一门高级的、面向对象的、动态的解释型语言。

以上几点在使用 Python 之前，理解不会很深。随着后面 Python 编程的学习，我们会逐渐深入理解什么是高级的编程语言，什么是面向对象的编程语言，什么是动态的编程语言，以及什么是解释型编程语言。这里，我们把这段话先念上几遍，有个印象便可。

1.2.3 Python 是胶水语言

如果说我看得比别人更远些，那是因为我站在巨人的肩膀上。

——牛顿

（If I have been able to see further, it was only because I stood on the shoulders of giants.

—Newton）

电小白："胶水语言？ Python 是胶水语言，这怎么理解？"

清青老师："胶水是用来粘东西的。胶水语言，顾名思义，是可以用来粘别人的劳动成果的编程语言。很多功能，你不需要自己从头开始编程实现，你可以大量使用免费的资源来开发。"

电小白："明白了。那我该怎么粘别人共享出来的程序呢？"

清青老师说道："使用 import，它就是 Python 的胶水（见图 1-13）。"

当使用一种编程语言开始真正的软件开发之前，你要意识到，你不是第一个进行编程的人。你可以从网络上搜索看看，有哪些前人的成果可以使用。直接利用网上已经写好的、现成的和免费的东西，可以协助你加快开发进度。

图 1-13　胶水语言

例如，你想要编写一个电子邮件客户端，如果从最底层的网络协议开始编写，那你天资再聪颖，估计一年半载也开发不出来。

这时候你要意识到，Python 这种高级编程语言，为我们提供了非常完善的基础代码库，包括网络、文件、GUI（图形用户界面）、数据库和文本等大量内容。我们直接调用这些库，学会调用和使用这些库，总比从头设计编写这些库要快得多。

例如，针对电子邮件协议的 SMTP 库、针对桌面环境的 GUI 库，在这些已有的代码库的基础上开发，一个电子邮件客户端几天就能开发出来。

用 Python 开发程序，许多功能不必从零开始编写。Python 有大量的第三方库，也就是别人开发的供大家共享使用的东西。你可以直接使用现成的库。当然，如果你认为自己开发的代码有一定的价值，也可以封装起来，作为第三方库给别人使用。

正所谓"人人为我，我为人人"。不要忘了，编程可以是个团队活动。互联网精神的精髓就是共享。

在 Python 里，import 是用来导入模块，实现胶水功能的。只要将需要的模块放在 Python 安装目录的 Lib 子目录下，就可以用 import 来调用了。

如图 1-14 所示，我们在 Python 的 IDLE 编程环境的菜单栏中选择 File → New File 命令新建文件，在新文件中输入：

```
print ("hello Qinghua!")
```

将这个文件保存（Save As）在 Python 安装目录的 Lib 子目录下，以 .py 为扩展名，文件名为 helloqinghua.py，如图 1-15 所示。

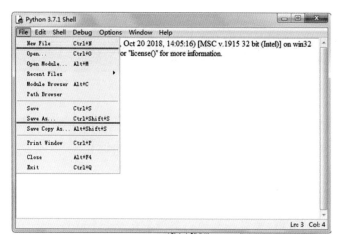

图 1-14 新建和保存一个 Python 文件

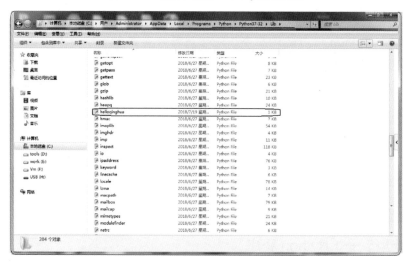

图 1-15 helloqinghua 放在 Lib 目录下

我 们 在 Python IDLE（Shell） 的 提 示 符 后 ， 就 可 以 使 用 import 导 入 helloqinghua 这个模块了，如图 1-16 所示。

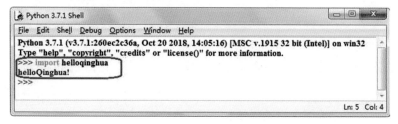

图 1-16 使用 import 导入模块

1.3　送你几朵玫瑰花——运行 Python 程序

虽然计算机运算速度超快，可以战胜围棋高手，但计算机却是没有自主意识的机器，它不知道自己要做什么，一切都得人来告诉它。

1.3.1　编程一点通：编程、程序和指令

编程就是告诉计算机要做什么的一个指令或者一个程序。

上体育课的时候，体育老师让我们"稍息、立正"，这个语句就是下达给我们的指令。同样地，我们也可以通过一个 Python 语句，让计算机完成一件事情。这个 Python 语句就是指令，是下达给计算机的一个基本命令，要求计算机做某件特定的事情。

体育老师要求我们在一节体育课中完成一系列活动：站队，准备活动，跨栏跑，集合，然后解散。体育老师安排的一系列活动，需要他发布很多指令才能完成。我们也可以给计算机发布很多指令，让它完成一定的任务。

程序就是计算机按照一定的逻辑顺序执行的一组指令。

运行一个程序或者执行一个指令，就是计算机按照编程人员的要求完成指定动作的过程。

1.3.2　运行一个 Python 程序

运行一个 Python 程序，直接双击 *.py 文件便可。这里我们在本书附带的源代码 CH01 目录准备了几个可以直接双击运行的程序，其中包括蓝玫瑰（BlueRose.py）程序、紫玫瑰（PurpleRose.py）程序和红玫瑰（RedRose.py）程序。这几个程序分别呈现了不同颜色的玫瑰，如图 1-17 所示。赶快送给你喜欢的朋友吧！

这 3 个程序运行结果除了颜色不同之外，还有一处不同，就是 BlueRose.py 画出来的蓝玫瑰昙花一现，而紫玫瑰和红玫瑰的呈现却是永久的，除非关闭它们。这是因为这 3 个程序的结尾处不同。在 PurpleRose.py 和 RedRose.py 的程序末尾都要执行一句等待按回车键的提示：

```
input('press <enter>')
```

而在 BlueRose.py 里，等待按回车键提示的语句的前面有个"#"。这里 # 的意思是它后面的语句起注释作用，不会被计算机执行。因此，画完蓝玫瑰后，程序就退出了。

图 1-17　用 Python 画玫瑰

在 IDLE 中，也可以运行 Python 程序。在 IDLE 里，选择 File → Open 命令，可以看到如图 1-18 所示的"打开"对话框，我们可以从中选择想要运行的程序。

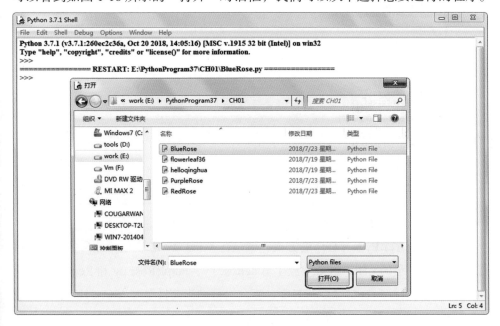

图 1-18　打开 Python 程序

打开程序后，先不去管程序的具体代码，这里我们只是运行一下。如同我们有一辆汽车，车的具体架构是什么，先去不研究，先学会启动这辆车。

找到 IDLE 里的 Run 菜单，选择 Run Module 命令，如图 1-19 所示。或者打开程序后，直接按 F5 键，就可以运行程序了。这里运行完 BlueRose.py 后，也不会自己退出，它在等待我们来关闭。这一点和双击 BlueRose.py 程序运行完就退出不一样。同样都注释掉了 input（'press <enter>'），在 IDLE 里程序运行完后不会自动退出。

图 1-19　通过 Run Module 命令或按 F5 键运行程序

还有一种运行 Python 程序的方式，就是在 Windows 自带的 cmd 命令行界面运行。我们在 C 盘的 CH01 目录中放了 BlueRose.py、PurpleRose.py 和 RedRose.py 这3 个程序。然后打开 cmd 命令行界面，将命令行的当前目录改为 C:\CH01。然后输入 "python+ 文件名" 或者直接输入文件名，按回车键便可以运行程序了，如图 1-20 所示。

值得注意的是，这里输入的文件名一定要加上扩展名".py"，否则 cmd 命令
行界面将由于无法找到程序文件而报错。

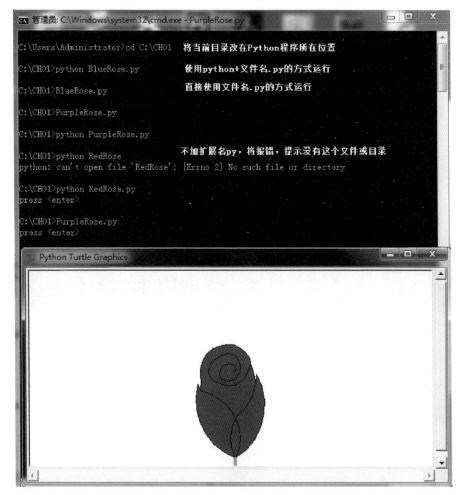

图 1-20　使用 cmd 命令行界面运行 Python 程序

1.3.3　执行 Python 指令

执行一个指令，我们直接在提示符">>>"后输入相应的指令，按回车键即可。
例如，我们写错了 Python 这个英文单词，英语老师想让我们写 500 遍来记住它。
这个工作对人来说耗时耗力，但让计算机做这个工作，就不是什么难事。

我们可以在">>>"后面输入 'Python'*500 这个指令并按回车键，如图 1-21
所示。

19

值得注意的是，Python 这个英文单词一定要用英文的单引号或者双引号括起来，用中文形式的引号将报错。

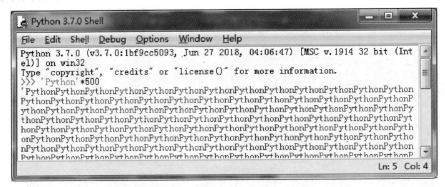

图 1-21　写 500 遍 Python 的指令

1.4　Python 的由来

丑陋的程序和丑陋的吊桥一样，他们都容易坍塌。因为人类（尤其是工程师们）的审美定义跟人们对复杂事物的处理和理解密切相关。一种编程语言如果不能使你写出优美的代码，那它也就不能使你写出好的程序。

——Eric S.Raymond

1989 年圣诞节期间，在荷兰阿姆斯特丹的龟叔（Guido van Rossum）百无聊赖，不知道该干些什么。一直以来，龟叔认为已有的编程语言，如 C 语言，非常复杂，学习门槛高。为了打发无聊的节日，龟叔就决定创造一个新的编程语言。牛人和普通人就是不一样：普通人盼望节假日的到来，而牛人一到节假日就无聊。而打发无聊的方式，对牛人来说，就是创新！

其实，龟叔在这之前就参加设计了一种教学语言，叫作 ABC，这种语言也非常优美和强大，专门为非专业程序员设计，但并没有成功。龟叔经过探究，认为 ABC 不成功的原因是不开放，用户使用起来困难。龟叔要在新创造的编程语言中避免这一错误，向免费开源的方向努力。

给新的编程语言取什么名字好呢？龟叔喜欢当时 BBC 电视剧的一个节目《蒙提·派森的飞行马戏团（Monty Python's Flying Circus）》，于是灵光一现，选中 Python 作为他创建的编程语言的名字。

此后，龟叔继续 Python 的研究工作，发布了 Python 的几个版本，始终坚持着"优雅""明确""简单""开放"的设计哲学。在设计 Python 语言时如果面临多种选择，Python 开发者一般会拒绝花哨的语法，而选择明确没有或者很少有歧义的语法。这些准则被称为"Python 格言"。

简而言之，Python 目前的版本状况如下：Python 2.x：成熟稳定，目前已不更新；Python 3.x：新版本，但是有些库不兼容。

2

画笔轨迹

奇妙的画图之旅——从 turtle 开始

第 1 章我们已经学会了启动 Python 编程环境且运行了 Python 程序。也了解了 Python 简单强大、免费开源的优点。你也许已经迫不及待地想要开始画图之旅了！万丈高楼平地起，学习 Python 画图也是要遵循由点及面的学习过程。我们先从基本图形开始学习，如图 2-1 所示，最后将能够画一些复杂的组合图形。

本章我们将学会

（1）使用 turtle 画图有两种方法导入 turtle 库：import turtle 和 from turtle import *。二者使用的方式不同，但可用的功能是一致的。

（2）编程知识：像素。

（3）画点、线、面的方法。

（4）画圆、圆弧、等分圆弧的线段的方法。

（5）定制画布的方法。

（6）画笔的状态、属性、控制运动的方法。

（7）利用基本图形组合复杂图形的思路。

图 2-1　用 turtle 画图

程序员编程需要经验，很多经验可以通过自己的实践来积累，但更多的经验是从他人那里直接拿来的。

——无名氏

电小白说："前面的玫瑰花好漂亮，我也想画！"

清青老师说："玫瑰花虽然好看，但程序的设计并不是最优、最简单的。"

电小白说："我要学最优、最简单的玫瑰花画法。"

清青老师说："学习 Python 编程的时候，我们先从画图开始，理解起来最直观，一下子可以把代码和代码要做的事情对应起来。但程序逻辑上，却不能从最优的开始。"

电小白问："这是为什么？"

清青老师说："最优的程序逻辑，初学者很可能理解起来比较困难。学习编写程序的时候，建议先从最简单的逻辑开始。最简单的逻辑只有顺序执行，没有判断真假的条件语句，没有反复执行重复命令的循环语句，这样理解起来最容易。顺序执行语句（见图 2-2）虽然不是最优，但是便于开始啊！"

图 2-2　顺序执行

电小白脑海里想着游乐园里的各种游戏（见图 2-3），说："那我们就从最便于入门的顺序执行语句开始，先从画图开始？"

图 2-3　游戏也要按顺序玩

清青老师说："是的，我们立刻开始这段奇妙的画图之旅吧！"

2.1　从点到面，学会基本图形画法

前面说过，Python 是个胶水语言，可以导入很多库，可以使用很多别人编写的程序模块。使用 Python 进行画图的时候，也有很多值得使用的图形库，如 turtle、matplotlib 和 graphics 等。这里，turtle 库是 Python 自带的一个很流行的绘制图形的工具库，为了方便，将使用 turtle 给大家讲解基本图形的画法。

前面提到过，Python 语言是一个面向对象的编程语言，这里可以利用 turtle 库理解一下。想象一只小海龟，在一个平面上爬呀爬，它怎么爬，我们可以通过程序指令来控制。也就是说，我们的编程对象，就是这只小海龟；我们通过程序控制让它怎么动，就是面向对象的编程。我们可以设置小海龟这个对象的属性，包括颜色、大小、位置和方向；也可以调用小海龟这个对象的方法控制它的移动。对象的方法就是针对这个对象的一系列程序控制指令。

我们把这只小海龟画图的平面想象成一个画布（canvas），建立一个横轴为 x、纵轴为 y 的坐标系。从原点（0，0）的位置开始，用画笔控制小海龟在画布上的移动，它爬行的路径就形成千姿百态的图形。屏幕的原点（0，0）就是屏幕的中央，即 1/2 屏幕高、1/2 屏幕宽的位置，如图 2-4 所示。

图 2-4　海龟画图的坐标系

我们用 turtle 画图不只为了看到美丽的图案，更主要的是观察小海龟如何移动，以及程序代码是如何影响小海龟移动的。这样可以理解程序的运行原理和代码的作用原理。

我们先从点、线、面的画法开始学习。

2.1.1　编程一点通：像素

计算机上的一个像素究竟有多大呢？

这和液晶显示屏的尺寸及分辨率有关。也就是说，不同大小的显示屏有不同的分辨率，像素的大小也是不一样的。屏幕越大，分辨率越小，像素代表的实际大小越大。

例如，14 英寸的显示屏的屏幕大小是 30cm×19cm，分辨率是 1280 像素 ×800 像素，意思是计算机屏幕长 30cm，共有 1280 个可分辨的像素点；宽 19cm，共有 800 个可分辨的像素点。那么一个像素大小可以用 30cm/1280，或者用 19cm/800 来计算。计算的结果是一个像素大约是 0.024cm，也就是 1mm 大约有 4 个像素，1cm 大约有 42 个像素。

2.1.2　从小到大的点

现在有个任务是按照从小到大的顺序画 5 个不同颜色、不同大小的点。我们看如何完成这个任务。

我们想到调用 turtle 库的 dot() 方法。dot() 方法需要设置两个属性：大小和颜色。使用方法：turtle.dot（大小, 颜色）。

打开 Python 的 IDLE，新建一个文件 dot5.py，输入如下代码并保存。

```
# 画一个点
import turtle as pic        # 导入 turtle 库
pic.dot(5,"black")          # 画一个直径为 5 像素的黑点
```

当然，这段代码也可以从本书附带的源代码 CH02 目录里下载。

这个程序有 3 行代码。

第一行是注释行，指出这段代码的作用是画一个点。

第二行的作用是导入 turtle 库。使用胶水命令 import 把要使用的 turtle 库导入我们的程序，并且给这个 turtle 对象起一个简化的别名 pic。后面出现 pic，就相当于 turtle，二者的意义被下面这个格式的语句等同了。

```
import 库名 as 别名
```

第三行的作用是画点。pic.dot(5,"black") 是画 5 个像素大的黑色的点。这里点的单位是像素（pixel），指的是直径的大小。

这个点的颜色设置为 black，就是黑色。这里的颜色还可以设置为 yellow（黄色的）、orange（橙色的）、purple（紫色的）、pink（粉红色的）、blue（蓝色的）、green（绿色的）、red（红色的）和 white（白色的）等，不一而足。

我们在 IDLE 里运行一下 dot5.py，发现画了一个黑点，但是同时也出现了一个黑色的箭头。这个箭头是 turtle 画笔形状。为了美观，我们使用 hideturtle() 方法把画笔的形状隐藏。在 dot5.py 中加入下面的代码。

```
pic.hideturtle()
```

在 IDLE 里再次运行 dot5.py，发现只有一个直径为 5 像素的黑点了，没有画笔了。

接下来，再画几个逐渐增大的点，并分别设置成不同的颜色。新建一个文件 manydots.py，输入下面的代码并保存。

```
# 画很多点
import turtle as pic        # 导入 turtle 库

pic.dot(5,"black")          # 画直径为 5 像素的黑点
```

27

```
pic.dot(10,"purple")        # 画直径为 10 像素的紫点
pic.dot(20,"pink")          # 画直径为 20 像素的粉红色的点
pic.dot(40,"brown")         # 画直径为 40 像素的棕色的点
pic.dot(60,"yellow")        # 画直径为 60 像素的黄点
pic.dot(80,"gray")          # 画直径为 80 像素的灰点
pic.dot(100,"green")        # 画直径为 100 像素的绿点

pic.hideturtle()            # 隐藏画笔形状
```

运行一下 manydots.py，发现只能看到最后一个 100 像素的绿点，这是怎么回事？

原来，如果不指定画笔的位置，程序会把所有的点都画在屏幕的原点处，即画布（0，0）的位置。这样，按照先后顺序在同一个位置画的点，后画的点就把先画的点覆盖了，所以只能看到最后一个点了。

接下来，我们把这几个逐渐增大的点画在不同的位置。新建一个文件 manydotsseperate.py，输入下面的代码并保存。

```
# 画很多独立的点
import turtle as pic       # 导入 turtle 库

pic.goto(-250,100)         # 画笔挪在 (-250,100) 处
pic.dot(5,"black")         # 画直径为 5 像素大的黑点
pic.goto(-240,100)         # 画笔挪在 (-240,100) 处
pic.dot(10,"purple")       # 画直径为 10 像素大的紫点
pic.goto(-220,100)         # 画笔挪在 (-220,100) 处
pic.dot(20,"pink")         # 画直径为 20 像素大的粉红色的点
pic.goto(-180,100)         # 画笔挪在 (-180,100) 处
pic.dot(40,"brown")        # 画直径为 40 像素大的棕色的点
pic.goto(-100,100)         # 画笔挪在 (-100,100) 处
pic.dot(60,"yellow")       # 画直径为 60 像素大的黄点
pic.goto(20,100)           # 画笔挪在 (20,100) 处
pic.dot(80,"gray")         # 画直径为 80 像素大的灰点
```

```
pic.goto(180,100)              # 画笔挪在 (180,100) 处
pic.dot(100,"green")           # 画直径为 100 像素的绿点

pic.hideturtle()               # 隐藏画笔形状
```

运行一下 manydotsseperate.py，将出现如图 2-5 所示画面。在这里，几个点由小到大，虽然分开了，但是有一条线相连。

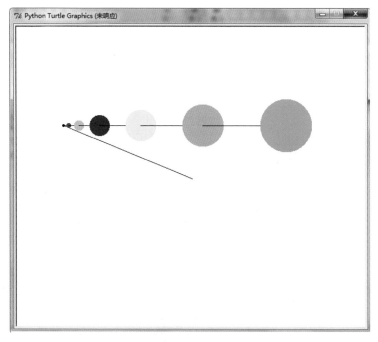

图 2-5　分离的点

turtle 的 goto(x,y) 方法，就是把画笔移动到屏幕的（x，y）的位置。这是一个横轴为 x、纵轴为 y，原点（0，0）在屏幕中央的平面直角坐标系。（x，y）的数值为像素的数目。x 为负，在原点的左边，x 为正，在原点的右边；y 为负，在原点的下边，y 为正，在原点的上边。

pic.goto(-250,100) 的意思就是把画笔移动到屏幕的（-250，100）这个位置。这个位置在屏幕中央的原点（0，0）左边 250 个像素的地方，再向上垂直移动100 个像素。

一开始画笔在画布的中央，由于画笔没有抬起来，所以它的运行轨迹一直在画布上显示。画笔从画布中央不抬起来移动到第一个点的位置，画了一个黑点；

然后继续不抬起来，移动在第二个点的位置，画第二点。以此类推，直到最后一个点。

现在的问题来了。如何把连接点的线去掉？这些线是我们不希望看到的。

我们在真实的画布上画画的时候，都知道不用画的时候抬笔，画的时候再落笔。用 turtle 画图，抬笔用 penup() 方法，落笔用 pendown() 方法。

新建一个文件 seperatedotsnoline.py，输入下面的代码并保存。

```python
#-*-coding: utf-8 -*-      # 可以在编程语句中插入中文
# 画很多独立的点，中间没有画笔痕迹
import turtle as pic       # 导入 turtle 库


# 画第一个点
pic.penup()                        # 抬笔
pic.goto(-250,100)                 # 移动位置
pic.pendown()                      # 落笔
pic.dot(5,"black")                 # 画点


# 画第二个点
pic.penup()                        # 抬笔
pic.goto(-240,100)                 # 移动位置
pic.pendown()                      # 落笔
pic.dot(10,"purple")               # 画点


# 画第三个点
pic.penup()                        # 抬笔
pic.goto(-220,100)                 # 移动位置
pic.pendown()                      # 落笔
pic.dot(20,"pink")                 # 画点


# 画第四个点
pic.penup()                        # 抬笔
```

```
pic.goto(-180,100)              # 移动位置
pic.pendown()                   # 落笔
pic.dot(40,"brown")             # 画点


# 画第五个点
pic.penup()                     # 抬笔
pic.goto(-100,100)              # 移动位置
pic.pendown()                   # 落笔
pic.dot(60,"yellow")            # 画点


# 画第六个点
pic.penup()                     # 抬笔
pic.goto(20,100)                # 移动位置
pic.pendown()                   # 落笔
pic.dot(80,"gray")              # 画点


# 画第七个点
pic.penup()                     # 抬笔
pic.goto(180,100)               # 移动位置
pic.pendown()                   # 落笔
pic.dot(100,"green")            # 画点


pic.hideturtle()                # 隐藏画笔
```

为了在代码中能够加入中文注释，避免出现不可预料的语言编解码问题，在程序的开始，加入了下面这条语句。

```
#-*-coding: utf-8 -*-
```

这条语句就是告诉程序解析器，这段代码的输入、输出、注释要支持包括中文在内的字符。

接下来，画了 7 个点。画每个点，都包含 4 行代码，作用分别为抬笔、移笔、落笔和画点。这样，画笔在移动的时候，就不会留下线条了。

运行 seperatedotsnoline.py，结果如图 2-6 所示。

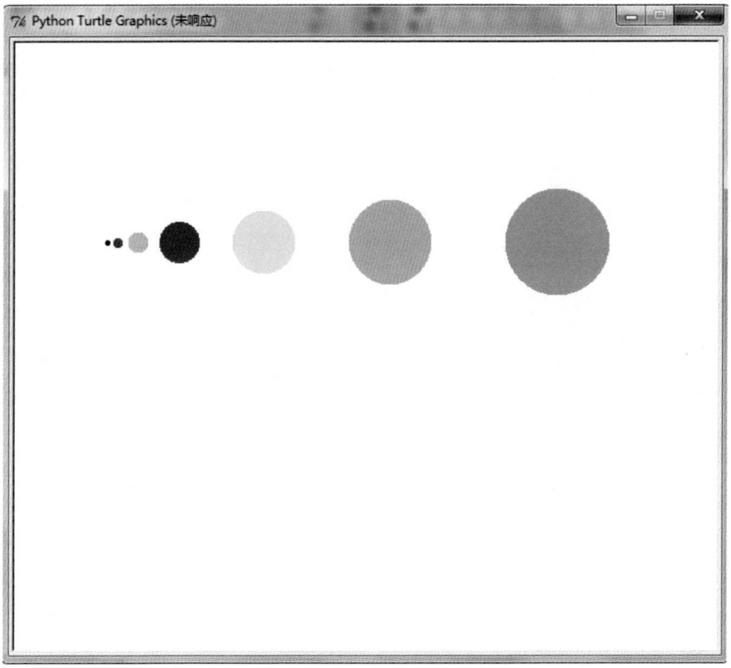

图 2-6　从小到大的各种颜色的点

大家可以将这些程序复制在另外一个文件里，然后尝试着更改一下，看看运行效果，理解一下其中的程序作用原理。出现问题，通过问老师，或在网上寻找答案来解决，问题解决了，能力也会增长！

2.1.3　万线同源

现在，我们用 Python 画几条线段。在数学里，线段只有长度，没有宽度和颜色。而在 Python 里画线段是可以设置宽度和颜色的。当然如果不设置，Python 会给一个默认的宽度和颜色。

新建一个文件 lines.py 来画这几条线段，输入下面的代码并保存。

```
from turtle import *# 导入 turtle 库


forward(100)   # 从原点开始默认宽度、默认颜色的第一条线段
speed(1)       # 设置画笔移动速度为缓慢，让大家看清楚画笔运行轨迹
```

```
# 从原点开始，在 45°方向画第二条线段
goto(0,0)                          # 把画笔移到原点
pencolor("pink")                   # 设置画笔颜色为粉色
pensize(5)                         # 设置画笔宽度为 5 像素
setheading(45)                     # 设置画笔方向角度为 45°
forward(100)                       # 画笔的长度为 100 像素


# 把画笔移到原点，在 90°方向画第三条线段
goto(0,0)                          # 把画笔移到原点
pencolor("green")                  # 设置画笔颜色为绿色
pensize(10)                        # 设置画笔宽度为 10 像素
setheading(90)                     # 设置画笔方向角度为 90°
forward(100)                       # 画笔的长度为 100 像素


# 把画笔移到原点，在 135°方向画第四条线段
goto(0,0)                          # 把画笔移到原点
pencolor("blue")                   # 设置画笔颜色为蓝色
pensize(15)                        # 设置画笔宽度为 15 像素
setheading(135)                    # 设置画笔方向角度为 135°
forward(100)                       # 画笔的长度为 100 像素


# 把画笔移到原点，在 180°方向画第五条线段
goto(0,0)                          # 把画笔移到原点
pencolor("purple")                 # 设置画笔颜色为紫色
pensize(20)                        # 设置画笔宽度为 20 像素
setheading(180)                    # 设置画笔方向角度为 180°
forward(100)                       # 画笔的长度为 100 像素
hideturtle()                       # 隐藏画笔
```

我们看一下这段代码的运行结果，如图 2-7 所示。

图 2-7　线段的画法

可以发现这段代码使用 turtle 的方式，和前面画点时使用的方式不一样。画点时每一个语句都指定了我们叫作 pic 的 turtle 对象，大家很清楚是针对 pic 进行编程的。而这段代码没有在每个指令前指定 turtle 对象，直接使用了针对 turtle 对象的操作。如果画点的程序也以这种方式使用 turtle 里的方法，运行时就会报如下错误：NameError:name'XXX' is not defined。其中 XXX 是使用 turtle 的方法。画线的程序以画点那种方式使用 turtle，也会报类似的错误：NameError:name'turtle' is not defined，为什么呢？

这是因为我们导入 turtle 库的方式不一样。

import turtle 是只导入了 turtle 库，后续是否对其进行操作，或者对哪个对象进行操作，需要设定。这种情况适合在多个库导入的情况下，区别不同对象、不同库。

from turtle import * 是指从 turtle 导入所有该对象的功能模块，后面的代码就是调用了这些功能，无须指定 turtle。这种情况适合仅有一个库的时候，代码书写起来比较清晰、简单。

但是如果有多个库同时导入，不同库又有相同名称的功能模块，这时候用这种导入库的方法，就可能发生不同库之间的调用功能的名称冲突。

在上述程序中，forward(100) 是从原点开始画一条 100 像素的线段。这条线段使用默认的宽度、默认的颜色。

接下来，我们使用 speed() 设置画笔移动速度。1 是非常缓慢的速度，可以让大家看清楚画笔运行的轨迹。

后面画的线段，每一个起点我们都使用 goto(0,0) 语句，设置成原点。后面的线段，我们不再使用 Python 的默认设置，而是用 pencolor() 设置画笔的颜色，括号里是英文的颜色字符串；pensize() 设置画笔的宽度，括号里是像素大小；setheading() 设置画笔的方向角度，括号里是角度值。

用同样的方法可以从原点画无数条线，可以称之为万线同源，如图 2-8 所示。

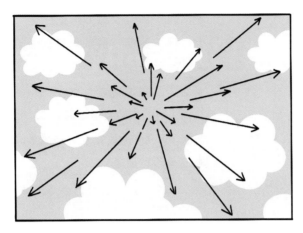

图 2-8　万线同源

2.1.4　由线到面

接下来通过画笔的移动，来形成一个面。我们要画的是正三角形、正方形、正五边形和正六边形，每个图形的边长均为 60 像素。

画笔首先向右沿直线移动 60 像素，然后向左拐，拐的角度是多少呢？边的数量不同，拐的角度不同。

正三角形，内角是 60°，外角就是 120°，那么向左 120° 画另外一条边；正方形的外角是 90°，那么向左 90° 画另外一条边；正五边形的外角是 72°，那么向左 72° 画另外一条边；正六边形的外角是 60°，那么向左 60° 画另外一条边，以此类推。

新建一个文件 FromlinetoPlane.py，输入下面的代码，保存并运行。

```
from turtle import *# 导入库
speed(1)                # 设置画笔移动速度


# 面：三角形 ( triangle )
penup()                 # 抬起画笔，准备移动，防止留下移动痕迹
goto(-250,0)            # 将画笔放置于原点左边，距离原点 250 像素
pendown()               # 落笔，开始画三角形
```

```
begin_fill()          # 此后，画的范围需要用颜色填充
color("yellow")       # 填充的颜色是黄色
forward(60)           # 三角形的边长为 60 像素
left(120)             # 此时，画笔方向水平向右，向左转 120°，
                      # 画另外一条边
forward(60)           # 这个三角形的边长为 60 像素
left(120)             # 两个边的夹角实际上是 60°，所以画笔需转 120°
forward(60)           # 这个三角形的边长也为 60 像素，实际上是正三角形
end_fill()            # 三角形区域着色


# 面：四边形（square）

penup()               # 抬笔
goto(-100,0)          # 移位
setheading(0)         # 画笔起始角度为 0
pendown()             # 落笔
begin_fill()          # 颜色填充开始
color("blue")         # 填充的颜色是蓝色
forward(60)           # 画笔前移 60 像素
left(90)              # 画笔左转 90°
forward(60)           # 画笔前移 60 像素
left(90)              # 画笔左转 90°
forward(60)           # 画笔前移 60 像素
left(90)              # 画笔左转 90°
forward(60)           # 画笔前移 60 像素
left(90)              # 画笔左转 90°
end_fill()            # 颜色填充结束


# 面：五边形（pentagon）

penup()               # 抬笔
```

```
goto(50,0)              # 移位
setheading(0)           # 画笔起始角度为 0
pendown()               # 落笔
begin_fill()            # 颜色填充开始
color("green")          # 填充的颜色是绿色
forward(60)             # 画笔前移 60 像素
left(72)                # 画笔左转 72°
forward(60)             # 画笔前移 60 像素
left(72)                # 画笔左转 72°
forward(60)             # 画笔前移 60 像素
left(72)                # 画笔左转 72°
forward(60)             # 画笔前移 60 像素
left(72)                # 画笔左转 72°
forward(60)             # 画笔前移 60 像素
left(72)                # 画笔左转 72°
end_fill()              # 颜色填充范围结束

# 面：六边形（Hexagon）
penup()                 # 抬笔
goto(200,0)             # 移位
setheading(0)           # 画笔起始角度归 0
pendown()               # 落笔
begin_fill()            # 颜色填充范围开始
color("yellow")         # 填充的颜色是黄色
forward(60)             # 画笔前移 60 像素
left(60)                # 画笔左转 60°
forward(60)             # 画笔前移 60 像素
left(60)                # 画笔左转 60°
forward(60)             # 画笔前移 60 像素
```

```
left(60)                # 画笔左转 60°

forward(60)             # 画笔前移 60 像素

left(60)                # 画笔左转 60°

forward(60)             # 画笔前移 60 像素

left(60)                # 画笔左转 60°

forward(60)             # 画笔前移 60 像素

left(60)                # 画笔左转 60°

end_fill()              # 颜色填充结束


hideturtle()            # 隐藏画笔
```

FromlinetoPlane.py 的运行结果如图 2-9 所示。我们注意到，上面的代码在画正方形、正五边形和正六边形的时候，都使用了 setheading(0) 语句。它的作用是将画笔的角度变成 0°。如果没有这个语句，结果会有什么不同？

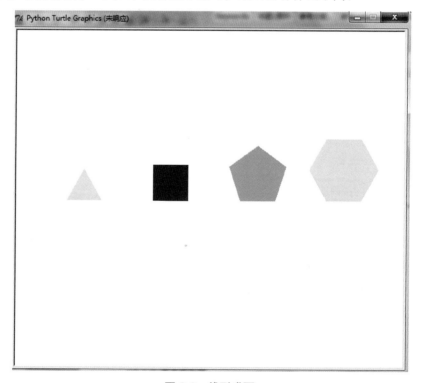

图 2-9　线形成面

大家尽可能试一下在 setheading(0) 前面加个 "#"，把这个指令注释掉。然后再运行一下，看看结果有什么不同？

运行结果如图 2-10 所示。可以发现，不执行 setheading(0)，正三角形最后移笔的方向就是下一个图形正方形的第一笔的方向；正方形最后移笔的方向就是下一个图形正五边形的第一笔的方向；正五边形最后移笔的方向就是下一个图形正六边形的第一笔的方向。

一个图形最后移笔的角度用 setheading(0) 归零的话，下一个图形起笔的方向一定是向右水平移动。每个图形最后移笔的角度不归零的结果，就是几个图形起笔的方向不一致了，这样会导致图形错落不齐。

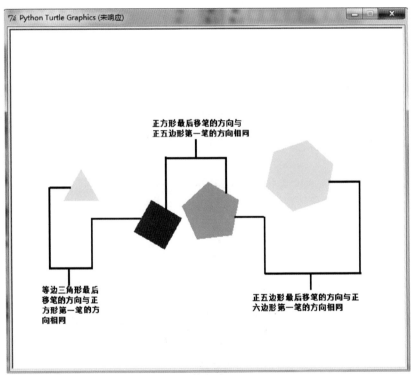

图 2-10　注释掉 setheading(0) 的运行结果

2.1.5　圆的画法

我们来画一组圆，使用 turtle 的 circle() 方法，它的作用是以给定半径画圆。例如，circle(10) 就是画一个半径为 10 像素的圆，圆心在垂直于画笔方向，离画笔 10 像素的地方。

我们注意到，用 Python 的 turtle 画圆时，有的半径设置为负数，如 circle(-10)，这是怎么回事？

原来，半径为负，表示圆心在画笔的右边；半径为正，表示圆心在画笔的左边。

新建一个文件 drawcircle.py，输入下面的代码并保存。

```
from turtle import *      # 导入 turtle 库


circle(5)                 # 画半径为 5 像素的圆，圆心在画笔左侧
circle(10)                # 画半径为 10 像素的圆，圆心在画笔左侧
circle(20)                # 画半径为 20 像素的圆，圆心在画笔左侧
circle(40)                # 画半径为 40 像素的圆，圆心在画笔左侧
circle(80)                # 画半径为 80 像素的圆，圆心在画笔左侧
circle(-5)                # 画半径为 5 像素的圆，圆心在画笔右侧
circle(-10)               # 画半径为 10 像素的圆，圆心在画笔右侧
circle(-20)               # 画半径为 20 像素的圆，圆心在画笔右侧
circle(-40)               # 画半径为 40 像素的圆，圆心在画笔右侧
circle(-80)               # 画半径为 80 像素的圆，圆心在画笔右侧
```

这段代码运行的结果如图 2-11 所示。

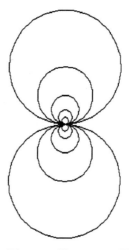

图 2-11　用 circle() 画圆

用 turtle 里的 circle() 方法还可以画圆弧，这就需要指定另外一个参数的值：弧度。例如，我们要画一个半径为 10 像素的半圆，可以定义 circle(10,180)，因为半圆的弧度为 180°。

新建一个文件 drawarc.py，输入下面的代码并保存。这段代码是在前面画圆的代码中加入弧度参数 180，表示不画整圆，而是画一系列首尾相接的半圆。

```
from turtle import*# 导入 turtle 库

circle(5,180)        # 画半径为 5 像素的半圆弧，圆心在画笔左侧
circle(10,180)       # 画半径为 10 像素的半圆弧，圆心在画笔左侧
circle(20,180)       # 画半径为 20 像素的半圆弧，圆心在画笔左侧
circle(40,180)       # 画半径为 40 像素的半圆弧，圆心在画笔左侧
circle(80,180)       # 画半径为 80 像素的半圆弧，圆心在画笔左侧
circle(-5,180)       # 画半径为 5 像素的半圆弧，圆心在画笔右侧
circle(-10,180)      # 画半径为 10 像素的半圆弧，圆心在画笔右侧
circle(-20,180)      # 画半径为 20 像素的半圆弧，圆心在画笔右侧
circle(-40,180)      # 画半径为 40 像素的半圆弧，圆心在画笔右侧
circle(-80,180)      # 画半径为 80 像素的半圆弧，圆心在画笔右侧
```

运行 drawarc.py，观察画笔的运动轨迹，理解一下每一条语句对应的画笔的动作，最后运行的结果如图 2-12 所示。

图 2-12 使用 circle() 画圆弧

值得一提的是，使用 circle() 还可以画正多边形。大家也许觉得很奇怪，如果理解无数边的正多边形接近于圆，这里就好理解了。需要画几条边的正多边形，使用 circle() 指定 steps 等于几便可。

用 circle() 画正多边形和前面用画笔画线，通过移动来构建多边形都是可以的，但方法不一样。

举例来说，下面两段代码画的都是正三角形。

```
# 1
from turtle import *        # 导入 turtle 库
circle(60,steps=3)          # 画正三角形


# 2
from turtle import *        # 导入 turtle 库
forward(60)                 # 画笔前移 60 像素
left(120)                   # 画笔左转 120°
forward(60)                 # 画笔前移 60 像素
left(120)                   # 画笔左转 120°
forward(60)                 # 画笔前移 60 像素
```

把这两段代码保存在 drawtriangle.py 文件中，运行发现两个画的都是正三角形，但大小不一样，起笔的方向也不一样。用 circle() 画正三角形，设置的 60 像素是正三角形外切圆的半径；而用移动画笔画线的方式，设置的 60 像素是正三角形的边长。

drawtriangle.py 运行的结果如图 2-13 所示。

图 2-13　两种方法画正三角形

下面我们用 circle() 画一个圆，然后用指定 steps 的方法画几个正多边形。设置一样的半径，都为 180 像素，但边数逐渐增加，边数越多，图形越接近所画的圆。

将下面的代码保存在 equilateralpolygon.py 文件中，在开始，为了让图形更美观，可将画笔的宽度设为 5 像素。为了便于观察程序的运行过程，可将画笔移动的速度变慢，设置为 1 即可。抬笔（penup）将画笔移到（0，–180）的位置，

这样可以使圆心位于屏幕的中央（0，0）的位置，然后落笔（pendown）开始画。

```
from turtle import *       # 导入 turtle 库

pensize(5)                 # 设置画笔宽度
speed(1)                   # 设置画笔移动速度为缓慢，让大家看清楚
penup()                    # 抬笔，避免移动画笔时留下痕迹
goto(0,-180)               # 将画笔位置挪到原点下方 180 像素的
                           # 地方，使圆心在原点
pendown()                  # 落笔


# 1
pencolor("brown")          # 画笔颜色为棕色
circle(180)                # 画一个棕色的外切圆
# 2
pencolor("green")          # 画笔颜色为绿色
circle(180,steps=3)        # 画一个绿色的正三角形
# 3
pencolor("blue")           # 画笔颜色为蓝色
circle(180,steps=4)        # 画一个蓝色的正四边形
# 4
pencolor("purple")         # 画笔颜色为紫色
circle(180,steps=5)        # 画一个紫色的正五边形
# 5
pencolor("pink")           # 画笔颜色为粉红色
circle(180,steps=8)        # 画一个粉红色的正八边形
# 6
pencolor("red")            # 画笔颜色为红色
circle(180,steps=15)       # 画一个红色的正十五边形
```

我们这里画了一个圆和 5 个正多边形，边数分别为 3、4、5、8、15。这个圆是这些正多边形的外切圆。

运行一下 equilateralpolygon.py，结果如图 2-14 所示。

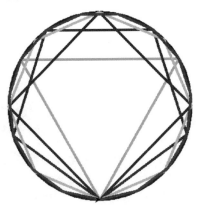

图 2-14　画正多边形

我们可以把 circle() 的 3 个参数都设置全。既设置半径，也设置弧度，还设置这段弧度的 steps：circle(120,90,steps=2)。这条语句是把半径为 120 像素的 90°弧分两个相等部分的线段，以此类推。

为了便于理解，把下面的代码保存在 circleras.py 文件里，然后运行。

```
from turtle import *          # 导入 turtle 库
pensize(8)                    # 设置画笔宽度
speed(1)                      # 设置画笔移动速度为缓慢，让大家看清楚
penup()                       # 抬笔，避免画笔移动时留下痕迹
goto(0,-120)                  # 将画笔位置挪到原点下方 120 像素的地
                              # 方，使圆心在原点上

pendown()                     # 落笔
# 1
pencolor("green")             # 画笔颜色为绿色
circle(120,90,steps=2)        # 半径为 120 像素的 90°弧，分 2 个相等
                              # 部分的线段

# 2
pencolor("blue")              # 画笔颜色为蓝色
circle(120,90,steps=3)        # 半径为 120 像素的 90°弧，分 3 个相等
                              # 部分的线段
```

```
# 3
pencolor("purple")              # 画笔颜色为紫色
circle(120,90,steps=4)          # 半径为 120 像素的 90°弧，分 4 个相等
                                # 部分的线段
# 4
pencolor("pink")                # 画笔颜色为粉红色
circle(120,90,steps=5)          # 半径为 120 像素的 90°弧，分 5 个相等
                                # 部分的线段
```

运行一下 circleras.py。我们想象有 4 个半径为 120 像素的 90° 弧，然后将每个弧 n 等分：第 1 个 90° 弧两等分，第 2 个 90° 弧三等分，第 3 个 90° 弧四等分，第 4 个 90° 弧五等分，等分点连接成线段，最后组成一个似圆非圆的图案，如图 2-15 所示。

图 2-15　指定半径、弧度和 steps 用 circle() 画图

2.1.6　定制画布

我们已经学习了点、线、多边形和圆的画法。这些基本图形，我们都是在默认画布上画的。画布（canvas）就是 turtle 提供的用于绘图的区域。我们可以使用 screensize() 来获取画布的默认大小，如图 2-16 所示。

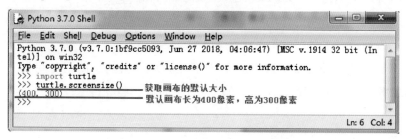

图 2-16　获取画布的默认大小

45

我们可以用 screensize() 设置画布的初始大小和颜色，然后用 setup () 调整大小和位置。

为了便于理解，将下面的代码保存在 setcanvas.py 文件里，然后运行。

```
import turtle          # 导入 turtle 库
import time            # 导入时间库,为了使用时间相关的方法 sleep()
# 1
turtle.screensize(400,200,"red")
# 设置画布的初始大小为 400 像素长,200 像素高,红色,初始位置在(0,0)
turtle.title("Hello, Python")
                       # 设置画布的标题为 "Hello,Python"
turtle.setup(width=0.5,height=0.5)
                       # 调整画布的长和高是计算机屏幕的一半(0.5)
time.sleep(2)          # 停留 2 秒,让大家感觉到画布变化的过程
# 2
turtle.screensize(bg="green")          # 调整画布为绿色
turtle.setup(width=800,height=600, startx=-100, starty=0)
# 调整画布的大小为 800 像素长,600 像素高;调整画布的位置在 (-100,0)
time.sleep(2)                          # 停留 2 秒
# 3
turtle.screensize(bg="black")          # 调整画布为黑色
turtle.setup(startx=100, starty=-100)
                       # 调整画布的位置在（100,-100）
time.sleep(2)                          # 停留 2 秒
```

这段程序的运行产生了大小不同、颜色不同和位置不同的 3 个画布。大家可以研究一下每一个语句的作用。一定要动手自己调整一下这些窗口的大小、颜色和位置，以便进一步理解它们的作用。

一开始，我们使用 import time 导入了 time 库，目的是使用时间相关的方法 sleep()。当调整了画布的大小、颜色和位置的时候，要等待一段时间，便于观察理解。

由于我们导入了两个库，一个是 time，一个是 turtle。为了针对不同的对

象进行操作，我们使用了"import 库名"的导入方法，而没有使用"from 库名 import *"的方式。

使用 screensize() 可以设置画布的初始大小和颜色，画布中心的初始位置在(0，0)。turtle.screensize(400,200,"red") 的意思是画一个 400 像素长、200 像素高、红色的画布。而 turtle.screensize(bg="black") 只调整画布的颜色为黑色，大小没有进行设置，还用默认的值。

使用 title() 设置画布左上角的标题。turtle.title("Hello，Python") 设置画布的标题为"Hello，Python"。

后面调整画布的大小和位置用 turtle.setup()。输入长和高为整数时，表示像素；为小数时，表示占据计算机屏幕的比例，例如，turtle.setup(width=0.5,height=0.5) 表示调整画布的长和高是计算机屏幕的一半（0.5 倍），而 turtle.setup(width=800,height=600) 表示调整画布的大小为 800 像素长、600 像素高。

turtle.setup() 还可以调整画布的位置。如果为空，则窗口位于屏幕中心。turtle.setup(startx=100, starty=-100) 调整画布中心的位置在（100，-100 ）。

2.1.7 熟练应用画笔

前面我们用 turtle 画图的时候，使用了画笔工具。现在总结一下，如何使用画笔。要想使用画笔，需要对画笔的状态、属性和绘图方法有一定的理解。

首先，要理解的是画笔的状态，包括两点：位置和朝向。

以画布中央为坐标原点，水平方向为 x 轴，垂直方向为 y 轴。画笔的位置就是在这样的一个坐标体系下，用像素值来描述。

画笔的朝向就是画笔与水平向右方向的夹角。在理解最终图形的时候，需要理解的就是画笔的运动轨迹。而要想明白画笔为什么这样运动，而不那样运动，就需要知道当时画笔的位置和朝向。

然后，画笔的属性包括画笔的颜色、宽度和移动的速度，由 pencolor() 设置颜色，由 pensize() 设置宽度，由 speed() 设置移动的速度。

最后我们要了解 turtle 画笔的绘图方法。

移动画笔的位置用 goto(x,y)。如果只想移动水平方向的位置，可以用 setx()；如果只想移动垂直方向的位置，可以用 sety()。（x，y）在屏幕上都是绝对位置。也可以用相对位置的方式来移动画笔，使用 forward()、backward()。相对位置移动画笔，需要设置的是要移动的距离；而绝对位置移动画笔，设置的是目标位置。

设置画笔的朝向可使用 setheading()。这里需要设置的是画笔相对于水平向右方向的绝对朝向。如果要求画笔在原来的方向转多少角度，要使用 left() 和 right()，这是相对方法。left() 为逆时针转动的角度，right() 为顺时针转动的角度。

抬笔和落笔我们使用了 penup() 和 pendown()。这两个方法和我们实际生活中写字用笔的动作是一致的。想要在纸上留下痕迹，就要落笔（pendown）；不想在纸上留下痕迹，就要抬笔（penup）。

控制画笔运动的方法还有 dot() 和 circle()。画实心点用 dot()，画圆用 circle()，但 circle() 还可以用来画正多边形、弧形和等分弧形的线段。

还有一种画笔控制方法用来设置图形的填充颜色。begin_fill() 为准备开始填充图形，end_fill() 为填充完成。这两个方法中间画笔形成的图形是要填充颜色的。填充什么颜色呢？可以用 fillcolor() 和 color() 来指定，如果不指定，就用默认的颜色。

有时候为了图形的美观，需要隐藏画笔的形状，我们使用 hideturtle()。有时候为了观察画笔的运行轨迹，需要显示画笔的形状，我们使用 showturtle()。

下面再次理解上面学到的用 turtle 画图的知识，把前面的绘制基本图形的代码组合起来。新建一个文件 drawshapes.py，输入下面的代码，保存并运行。

```python
import turtle as pic          # 导入 turtle 库
import time as t              # 导入 time 库


pic.screensize(800,600, "black")  # 设置画布大小和颜色
pic.title("用 Python 画点线面图形")  # 设置画布标题
pic.pensize(5)               # 设置画笔宽度
pic.pencolor("pink")         # 设置画笔颜色
pic.speed(1)                 # 设置画笔移动速度


# 点: dot
pic.penup()                  # 抬笔
pic.goto(-250,100)           # 移动位置
pic.pendown()                # 落笔
```

```
pic.dot(20,"pink")              # 画直径为 20 像素的粉红色点


# 线：line
pic.penup()                     # 抬笔
pic.goto(-120,100)              # 移动位置
pic.color("purple")             # 颜色为紫色
pic.pendown()                   # 落笔
pic.forward(80)                 # 画笔前移 80 像素


# 面：三角形（triangle）
pic.penup()                     # 抬笔
pic.goto(10,100)                # 移动位置
pic.pendown()                   # 落笔
pic.begin_fill()                # 开始填充颜色
pic.color("yellow")             # 填充颜色为黄色
pic.forward(60)                 # 画笔前移 60 像素
pic.left(120)                   # 画笔左转 120°
pic.forward(60)                 # 画笔前移 60 像素
pic.left(120)                   # 画笔左转 120°
pic.forward(60)                 # 画笔前移 60 像素
pic.left(120)                   # 画笔左转 120°
pic.end_fill()                  # 结束颜色填充


# 面：四边形（square）
pic.penup()                     # 抬笔
pic.goto(140,100)               # 移动位置
pic.pendown()                   # 落笔
pic.begin_fill()                # 开始填充颜色
pic.color("blue")               # 填充颜色为蓝色
pic.forward(60)                 # 画笔前移 60 像素
```

```
pic.left(90)                    # 画笔左转 90°
pic.forward(60)                 # 画笔前移 60 像素
pic.left(90)                    # 画笔左转 90°
pic.forward(60)                 # 画笔前移 60 像素
pic.left(90)                    # 画笔左转 90°
pic.forward(60)                 # 画笔前移 60 像素
pic.left(90)                    # 画笔左转 90°
pic.end_fill()                  # 结束填充颜色


# 面：五边形（pentagon）
pic.penup()                     # 抬笔
pic.goto(-250,-100)             # 移动位置
pic.pendown()                   # 落笔
pic.begin_fill()                # 开始填充颜色
pic.color("green")              # 填充颜色为绿色
pic.forward(60)                 # 画笔前移 60 像素
pic.left(72)                    # 画笔左转 72°
pic.forward(60)                 # 画笔前移 60 像素
pic.left(72)                    # 画笔左转 72°
pic.forward(60)                 # 画笔前移 60 像素
pic.left(72)                    # 画笔左转 72°
pic.forward(60)                 # 画笔前移 60 像素
pic.left(72)                    # 画笔左转 72°
pic.forward(60)                 # 画笔前移 60 像素
pic.left(72)                    # 画笔左转 72°
pic.end_fill()                  # 结束填充颜色


# 面：六边形（hexagon）
pic.penup()                     # 抬笔
pic.goto(-100,-100)             # 移动位置
```

```
pic.pendown()              # 落笔
pic.begin_fill()           # 开始填充颜色
pic.color("yellow")        # 填充颜色为黄色
pic.forward(40)            # 画笔前移 40 像素
pic.left(60)               # 画笔左转 60°
pic.forward(40)            # 画笔前移 40 像素
pic.left(60)               # 画笔左转 60°
pic.forward(40)            # 画笔前移 40 像素
pic.left(60)               # 画笔左转 60°
pic.forward(40)            # 画笔前移 40 像素
pic.left(60)               # 画笔左转 60°
pic.forward(40)            # 画笔前移 40 像素
pic.left(60)               # 画笔左转 60°
pic.forward(40)            # 画笔前移 40 像素
pic.left(60)               # 画笔左转 60°
pic.end_fill()             # 结束填充颜色

# 面：圆（circle）
pic.penup()                # 抬笔
pic.goto(40,-100)          # 移动位置
pic.pendown()              # 落笔
pic.begin_fill()           # 开始填充颜色
pic.color("purple")        # 填充颜色为红色
pic.circle(40)             # 画半径为 40 像素的圆
pic.end_fill()             # 结束填充颜色

# 面：五角星（star）
pic.penup()                # 抬笔
pic.goto(140,-40)          # 移动位置
pic.pendown()              # 落笔
```

51

```
pic.begin_fill()            # 开始填充颜色
pic.color("red")            # 填充颜色为红色
pic.forward(80)             # 画笔前移 80 像素
pic.right(144)              # 画笔右转 144°
pic.forward(80)             # 画笔前移 80 像素
pic.right(144)              # 画笔右转 144°
pic.forward(80)             # 画笔前移 80 像素
pic.right(144)              # 画笔右转 144°
pic.forward(80)             # 画笔前移 80 像素
pic.right(144)              # 画笔右转 144°
pic.forward(80)             # 画笔前移 80 像素
pic.right(144)              # 画笔右转 144°
pic.end_fill()              # 结束填充颜色


# 图形标注（picture descprition）
pic.color("tan")                    # 填充颜色改为棕褐色
pic.penup()                         # 抬笔
pic.goto(-260,200)                  # 移动位置
pic.pendown()                       # 落笔
pic.write(("Welcome to see colorful shapes"),
    font = ("Times",28, "bold"))    # 在屏幕上写字
pic.hideturtle()                    # 隐藏画笔形状
t.sleep(10)                         # 停留 10 秒
exit(0)                             # 正常退出程序
pic.done()                          # 避免程序无响应，关闭 turtle
```

上面这段代码运行的结果如图 2-17 所示。

上面这段代码有个新的方法 write()，用来在画布的特定位置用指定的颜色和字体写字的。write(("Welcome to see colorful shapes"), font = ("Times", 28,"bold")) 的意思是在画布上写 Welcome to see colorful shapes，字体为 Times New Roman、28 号大、粗体。

在使用完 turtle 后，需要使用 done() 命令来运行程序，否则画布会出现无响应的问题。这个问题想必大家在前面的程序运行过程中已经发现了。exit(0) 的作用是正常退出程序。在退出之前，程序会询问是否真的要退出。

上面这段代码绘制了一个之前没有讲到的新形状，就是五角星。这里不再讲解，留给大家自己分析研究。

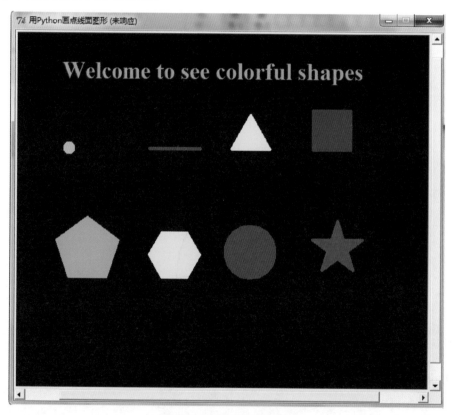

图 2-17　基本形状绘制

2.2　组合图形的绘制

将之前学习的简单的基本图形组合起来，可以构建非常有趣的图形。例如，可以用圆弧和线段组成叶子、花蕊和花瓣，最后把它们再组合成一朵漂亮的玫瑰花。

2.2.1 一片叶子

首先，用两个 90° 的圆弧组成叶子的外形。新建一个文件 leafoutline.py，输入下面的代码并保存。

```
import turtle                    # 导入 turtle 库
turtle.circle(-90,90)           # 画 90°的圆弧
turtle.right(90)                # 右转 90°
turtle.circle(-90,90)           # 画 90°的圆弧
```

首先，我们画了一个半径为 90 像素、90° 的圆弧，圆心在画笔的右边。画完这段圆弧后，画笔的朝向右转 90°，画另外一半同样大小的圆弧。画完后，画笔的位置正好在起笔的地方。运行 leafoutline.py，得到如图 2-18 所示的图形。

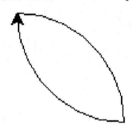

图 2-18　叶子轮廓

我们知道叶子应该是绿色的，所以要给图形着色，于是想到了 fillcolor()、begin_fill() 和 end_fill()。关于图形着色的方法我们已经用过了。新建一个文件 leafgreen.py，输入下面的代码并保存。

```
import turtle                    # 导入 turtle 库
turtle.speed(1)                 # 设置画笔速度
turtle.fillcolor("green")       # 填充颜色为绿色
turtle.begin_fill()             # 开始填充颜色
turtle.circle(-80,90)           # 画 90°圆弧，半径 80 像素，圆心在画笔右侧
turtle.right(90)                # 画笔右转 90°
turtle.circle(-80,90)           # 画 90°圆弧，半径 80 像素，圆心在画笔右侧
turtle.end_fill()               # 结束填充颜色
```

首先为了便于观察画笔的运行轨迹，使用 turtle.speed(1) 设置画笔的移动速度为缓慢。然后，用 turtle.fillcolor("green") 设置叶子的填充颜色为绿色。接下来把上面画叶子轮廓的代码放在 turtle.begin_fill() 和 turtle.end_fill() 中间，指定颜色填充的图形范围。运行以后的图形如图 2-19 所示。

图 2-19 叶子着色

给叶子着色以后，看起来还是有些别扭，因为没有叶脉，不太好看。于是加上下面的代码构建叶脉，把这段代码保存在 aleaf.py 文件里。

```
import turtle                      # 导入 turtle 库
turtle.speed(1)                    # 设置画笔移动速度


# 画叶子
turtle.fillcolor("green")  # 填充颜色为绿色
turtle.begin_fill()                # 开始填充颜色
turtle.circle(-80,90)     # 画 90°圆弧，半径 80 像素，圆心在画笔右侧
turtle.right(90)                   # 画笔右转 90°
turtle.circle(-80,90)     # 画 90°圆弧，半径 80 像素，圆心在画笔右侧
turtle.end_fill()                  # 结束填充颜色


# 画叶脉
turtle.right(135)                  # 画笔右转 135°
turtle.fd(60)                      # 画笔前移 60 像素
turtle.left(180)                   # 画笔左转 180°
turtle.fd(20)                      # 画笔前移 20 像素


turtle.left(135)                   # 画笔左转 135°
```

```
turtle.fd(20)              # 画笔前移 20 像素

turtle.left(180)           # 画笔左转 180°
turtle.fd(20)              # 画笔前移 20 像素

turtle.right(90)           # 画笔右转 90°
turtle.fd(20)              # 画笔前移 20 像素

turtle.left(180)           # 画笔左转 180°
turtle.fd(20)              # 画笔前移 20 像素

turtle.right(45)           # 画笔右转 45°
turtle.fd(20)              # 画笔前移 20 像素

turtle.left(135)           # 画笔左转 135°
turtle.fd(20)              # 画笔前移 20 像素

turtle.left(180)           # 画笔左转 180°
turtle.fd(20)              # 画笔前移 20 像素

turtle.right(90)           # 画笔右转 90°
turtle.fd(20)              # 画笔前移 20 像素

turtle.hideturtle()        # 隐藏画笔形状
turtle.done()              # 退出 turtle
```

　　画叶脉的代码看起来比较多，但其实比较简单，主要是控制画笔的移动轨迹，包括朝向和移动距离。控制朝向主要是用 right() 和 left()，控制移动距离用 forward()。这里的 fd() 就是 forward()，二者用法完全一致。大家可以通过截取部分语句，逐句执行，观察代码的作用。最终，aleaf.py 运行的结果如图 2-20 所示。

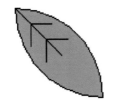

图 2-20 一片有叶脉的树叶

我们为这片叶子画一个可以依附的叶柄。叶柄比较好画，它主要由线段和圆弧组成。但是叶柄和叶子之间的相对位置需要通过不断调试才能匹配。我们在画叶子和叶脉的代码后面加上下面画叶柄的代码，另存为 aleafwithpetiole.py。

```
# 画叶柄
turtle.penup()                    # 抬笔
turtle.pensize(5)                 # 设置画笔宽度
turtle.pencolor( 'brown' )        # 设置画笔颜色
turtle.goto(3,70)                 # 移动画笔起始位置
turtle.setheading(-90)            # 设置画笔的起始朝向
turtle.pendown()                  # 落笔
turtle.forward(100)               # 画笔前移 100 像素
turtle.circle(200,40)             # 画一个 40° 的圆弧，半径为 200 像素
```

我们设置叶柄的宽度为 5 像素，叶柄的颜色是棕色的，叶柄由 100 像素的线段和 40° 半径为 200 像素的圆弧组成。

为了让叶子匹配叶柄，我们在 aleafwithpetiole.py 的程序里画叶子代码的前面加入下面的代码，设置叶子的位置，设置画笔的宽度为 1 像素，颜色为黑色，画笔向 –5° 的方向移动 30 个像素，然后将画笔的朝向置为 15°，准备画叶子。

```
turtle.penup()                    # 抬笔
turtle.goto(3,-30)                # 移动画笔位置
turtle.pensize(1)                 # 设置画笔宽度
turtle.pencolor( 'black' )        # 设置画笔颜色
turtle.pendown()                  # 落笔
turtle.setheading(-5)             # 设置画笔朝向
turtle.fd(30)                     # 画笔前移 30 像素
turtle.setheading(15)             # 设置画笔朝向
```

运行 aleafwithpetiole.py，结果如图 2-21 所示。

图 2-21　叶子和叶柄

2.2.2　构造花蕊和花瓣

下面我们在计算机中用 Python 画一朵玫瑰花。首先找到一张玫瑰花简笔画图片，如图 2-22 所示。就照着这个样子，在 Python 的画布上一笔一笔地移动画笔，画出它的形状。这个形状不外乎是圆弧和直线的组合。画得不像没关系，慢慢调整，反正画画是慢工出细活的工作！

图 2-22　玫瑰花简笔画

我们在程序中给图形着了红色，然后把画花蕊的部分放在了着色区域，即 turtle.begin_fill() 和 turtle.end_fill() 中间。花蕊主要是由多个圆弧和少量线段组成，花瓣主要是由圆弧组成。把下面的代码保存在 rosepetal.py 文件里，然后运行，看看运行的轨迹和效果。大家也可以在此基础上新建一个文件，更改相应的圆弧大小的设置和画笔角度的设置。看看所做的更改会如何影响画笔的运行轨迹，最终如何影响图形的效果。

```
import turtle                  # 导入 turtle 库
turtle.penup()                 # 抬笔
turtle.pencolor("black")       # 设置画笔颜色为黑色
turtle.speed(1)                # 设置画笔速度
```

```
turtle.pendown()                # 落笔

# 花蕊
turtle.fillcolor("red")         # 填充颜色设为红色
turtle.begin_fill()             # 开始颜色填充
turtle.circle(5,150)            # 画半径为 5 像素的 150°圆弧
turtle.circle(15,150)           # 画半径为 15 像素的 150°圆弧
turtle.left(30)                 # 左转 30°
turtle.circle(20,250)           # 画半径为 20 像素的 250°圆弧
turtle.right(15)                # 画笔右转 15°
turtle.fd(5)                    # 画笔前移 5 像素
turtle.circle(20,100)           # 画半径为 20 像素的 100°圆弧
turtle.left(10)                 # 画笔左转 10°
turtle.circle(20,20)            # 画半径为 20 像素的 20°圆弧
turtle.fd(10)                   # 画笔前移 10 像素
turtle.circle(30,100)           # 画半径为 30 像素的 100°圆弧
turtle.right(20)                # 画笔右转 20°
turtle.circle(20,60)            # 画半径为 20 像素的 60°圆弧
turtle.left(15)                 # 画笔左转 15°
turtle.fd(10)                   # 画笔前移 10 像素
turtle.circle(30,60)            # 画半径为 30 像素的 60°圆弧
turtle.fd(10)                   # 画笔前移 10 像素
turtle.circle(35,80)            # 画半径为 35 像素的 80°圆弧
turtle.fd(10)                   # 画笔前移 10 像素
turtle.circle(35,10)            # 画半径为 35 像素的 10°圆弧
turtle.setheading(-95)          # 设置画笔的朝向
turtle.fd(15)                   # 画笔前移 15 像素
turtle.right(155)               # 画笔右转 155°
turtle.fd(10)                   # 画笔前移 10 像素
turtle.left(145)                # 画笔左转 145°
```

```
turtle.circle(90,85)            # 画半径为 90 像素的 85°圆弧
turtle.left(50)                 # 画笔左转 50°
turtle.circle(90,90)            # 画半径为 90 像素的 90°圆弧
turtle.left(145)                # 画笔左转 145°
turtle.fd(15)                   # 画笔前移 15 像素
turtle.right(165)               # 画笔右转 165°
turtle.fd(15)                   # 画笔前移 15 像素
turtle.circle(45,20)            # 画半径为 45 像素的 20°圆弧
turtle.end_fill()               # 结束颜色填充


# 花瓣 1
turtle.penup()                  # 抬笔
turtle.goto(33,-20)             # 移动画笔位置
turtle.left(145)                # 画笔左转 145°
turtle.pendown()                # 落笔
turtle.circle(-60,50)           # 画半径为 60 像素的 50°圆弧，圆心在
                                # 画笔的右侧
turtle.left(16)                 # 画笔左转 16°
turtle.circle(55,70)            # 画半径为 55 像素的 70°圆弧
turtle.setheading(60)           # 设置画笔朝向为 60°


# 花瓣 2
turtle.circle(60,70)            # 画半径为 60 像素的 70°圆弧
turtle.forward(8)               # 画笔前移 8 像素
turtle.circle(70,40)            # 画半径为 70 像素的 40°圆弧


turtle.hideturtle()             # 隐藏画笔形状
turtle.done()                   # 退出 turtle 库
```

运行 rosepetal.py 的结果如图 2-23 所示。

图 2-23　玫瑰花的花蕊和花瓣

2.2.3　组成一朵完整的玫瑰花

我们将花蕊、花瓣、叶柄和叶子的代码组合在一起，保存在 rosewhole.py 文件里。在初步组合这些部分的时候，由于在类似 turtle.goto(33,–20) 的代码中使用了像（33，–20）这样的绝对位置，而且不同部分的位置在初次设置时，计算得不太精确，使得几个图形之间的位置不太匹配。我们需要多次运行，调整相应的位置，完成最后的 rosewhole.py 的程序。该程序可以在本书附带的源代码中下载，这里就不再赘述。运行这个程序，结果如图 2-24 所示。

图 2-24　完整的玫瑰花

3 ➡

引入循环

让图形炫起来——引入循环

在第 2 章我们学会了用 turtle 画基本图形，但在画组合图形的时候，发现按照顺序执行的逻辑，有时候有些啰唆，同样的语句要写很多遍。因此我们自然会想到，这种有规律的、需要执行多次的程序是否可用更简单的语句来处理，for 循环能够实现这一目标，如图 3-1 所示。

本章我们将学会

（1）编程知识：循环的含义。

（2）编程知识：变量的意义。

（3）使用 for 循环画基本图形。

（4）使用嵌套循环画各种花朵的技巧。

（5）可选颜色集变化图形颜色。

（6）获取用户的屏幕输入，设计和用户的交互。

（7）边数、颜色和大小可变的正多边形画法。

（8）螺旋的正多边形的原理和画法。

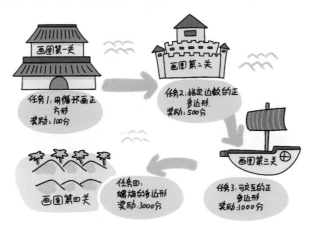

图 3-1　多边形的成长故事

　　用代码行数来测评软件开发进度，就相当于用重量来计算飞机建造进度。

——比尔·盖茨

　　电小白说："清青老师，你不是说 Python 编程很简洁么？"

　　清青老师："是啊。Python 可以大量借用已有库的功能，也不用对变量或类进行提前声明。其他语言几百行的程序，Python 几十行就可以编完。"

　　电小白说："我怎么感觉不到啊？前面的画图的程序，同样的一行代码，我得重复写好几遍，挺啰唆的。"

　　清青老师："你说的是这个啊。前面的程序为了逻辑上简单，便于理解，采用了按照程序的执行顺序展开的方式编写。同样一行代码重复执行，可以使用循环语句，使代码变得简洁。"

　　电小白高兴地说："我想学用循环！"

　　清青老师说："好的，我们开始吧！"

3.1　编程一点通：循环、for 循环

　　事物周而复始地运动或变化，叫作循环，如图 3-2 所示。计算机编程有不少实际问题，具有规律性的重复操作的特点。于是，在程序编写中，就需要重复执行某些语句。

　　使用循环语句，必须要明确两点：要重复执行哪些语句，要重复到什么时候为止。也就是说，循环语句是由循环体及循环的终止条件两部分组成的。一组被重复执行的语句称为循环体；循环的终止条件可以是循环体重复执行多少次。

　　比如说，有人命令你："拉磨去！"你知道拉磨是需要重复的动作，是循环体里的东西。

　　现在你的问题是："我得拉磨到什么时候？什么时候停止拉磨？"也就是说，你关心循环的终止条件是什么，比如拉磨 1000 遍以后停止。

执行循环语句一定次数，用 for 循环。

> for（执行条件为：小于一定次数；终止条件为：达到一定次数）：
>   循环体

图 3-2　循环做同样的事

3.2　多边形的成长故事

如果你想让程序重复做相同的事情，执行相同的动作，最好的方式就是引入循环。循环是学习任何编程语言都绕不过去的知识点。因为重复做相同的事不怕枯燥，正是计算机的优势所在。

3.2.1　用循环画正方形

我们把前面画正方形的代码拿过来，然后把它保存在 square.py 中，如图 3-3 所示。把图 3-3（a）中黑框里的代码替换成图 3-3（b）中红框里的代码，保存在 squareloop.py 文件中。运行一下这两个程序，画出的是完全相同的正方形。

可以这么说，图 3-3（b）中的红框里的代码，就是将 forward(60)、left(90) 这两个语句执行 4 遍，完全可以代替图 3-3（a）中黑框里的代码。也就是说，图 3-3（b）中 3 行代码的功能和图 3-3（a）中 8 行代码的功能是一样的。这就是为什么说，用代码行数来测评软件开发进度是愚蠢的了。

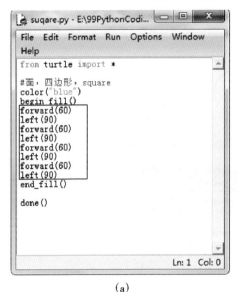 

(a)　　　　　　　　　　　　(b)

图 3-3　画正方形

图 3-3（b）中红框里的代码就是循环语句，如下所示。

```
for n in range(4):        # 循环 4 次
    forward(60)           # 画笔前移 60 像素
    left(90)              # 画笔左转 90°
```

关于 Python 的 for 循环语句，我们需要注意以下两点。

（1）for 语句后须有英文冒号（:），没有这个冒号，将会出现语法错误。

（2）循环体要注意缩进（4 个空格即可）。不缩进的部分将不参与循环，程序的逻辑意义将和缩进不同。

现在要理解 for 循环语句，先理解 range(4) 的含义。我们在 Python 的 IDLE 中输入 range(4) 或者 list(range(4))，然后按回车键即可得到从 0 开始的 4 个数字 [0,1,2,3]；在 Python 的 IDLE 中输入 range(6) 或者 list(range(6))，按回车键会得到从 0~5 的 6 个数字 [0,1,2,3,4,5]，如图 3-4 所示。

知道 range() 的含义以后，我们注意到画正方形的 for 循环还有一个 n。这个 n 的作用是逐个从 range() 的数字里取值。取一次值，循环体里的语句执行一次，直到 range() 里所有的数值都取了一遍，我们称这里的 n 为一个变量。

图 3-4 range() 的含义

3.2.2 编程一点通：变量

在计算机编程语言运行过程中，常会有些中间过程值或者结果值；这些都是需要在内存中临时存储的数据。为了便于查找、使用或修改这些值，可以赋予一个简短、易于记忆的名字。这就是编程语言中的变量。

编程语言中的变量，运行时，需要保存在计算机的内存中。计算机的内存空间如同多个可以放东西的筐，而变量名则如同贴在某个筐上的标签，如图 3-5 所示。每一个筐一次只能放一个东西，如果想放另外一个东西，就得把之前放的东西取出来。贴在筐上的标签，可以用来找到或使用存放在筐里的东西。

这个筐上的标签，需要取一个合适的名字，这个名字能够表示出变量的作用或使用场景，而且在一定范围内唯一，就好像每个人都有自己的名字一样，否则就难以区分了。

图 3-5 变量名与放变量的地方

在图 3-5 中，标签为 n 的筐里放了 8 这个数字，标签为 i 的筐中放了 2 这个数字。这样，我们使用 n 的时候，就能找到相应的存放 8 的筐，然后使用 8 这个数字。当然了会有很多筐就空闲在那里，没有放任何东西，相当于计算机里没有使用的内存。有的标签，写上了标记，但拿在手里没有贴在筐上，说明它只是定义了而没有使用，是个空值。当你使用标签时，一定要贴到某一个筐上后，它才可以放你要放的东西（数值）。

在 Python 编程语言中，变量不用提前定义存储类型，也不用自己去提前申请内存空间，一个变量在使用的时候自动分配匹配存储类型的存储空间。如同你有了标签，如果你需要放东西的时候，自动会给你安排匹配你东西大小的筐，不用自己去找。

当标签用完后，我们可以把标签收回或者撕掉，这样你使用过的筐就会释放出来，给别人使用。

变量可以存储计算结果,我们把 3+5 的结果赋予 n,那么 n 的值就是 8,如图 3-6 所示。

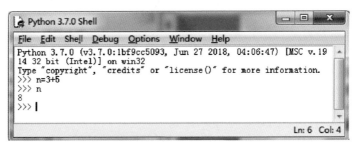

图 3-6　变量存储计算结果

赋了值的变量可以作为中间数值参与计算，如图 3-7 所示。给 n 赋予了初值 100，随后 n 作为中间数值，参与了 2*n+50 的运算，运算结果赋予了新的变量 newnumber。

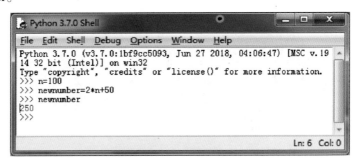

图 3-7　作为中间数值参与计算的变量

变量可以保存程序运行时，用户输入的数据。如图 3-8 所示，我们用 mynumber 获取用户输入的数据，然后输出 2*mynumber 的结果。

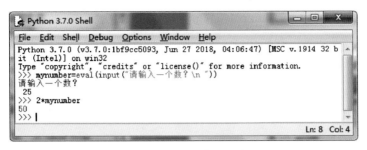

图 3-8　变量保存用户输入的数据

在 for 循环里，变量还可以用来从 range() 里依次取值，如图 3-9 所示，我们用 n 依次从 range(3) 里取值，然后把当前的 n 值打印出来。

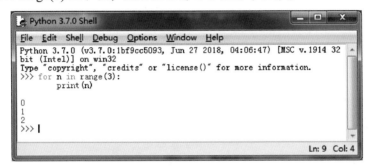

图 3-9　for 循环里的变量

3.2.3　指定边数的正多边形

我们会用循环的方式画正方形，下面设计一个任意正多边形的程序。假设边的数目是 m，边长是 60 像素。现在需要计算的是，画笔画完一个边后，方向需要转的角度是多少。

学过平面几何的都会知道，在走完正多边形的一边，画笔需要旋转一个外角的大小，才能到另外一边的方向上，如图 3-10 所示。多边形的外角之和是 360°，于是每个外角的大小是 360°/m。

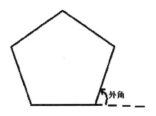

图 3-10　多边形的外角

69

将下面的代码保存在 equpolygon.py 文件里，然后更改不同的 m 值，给正多边形设定不同的边数，然后运行，观察画笔运动轨迹和最终结果。

```
from turtle import *          # 导入 turtle 库


# 正多边形 (equilateral polygon)
colors = ["black","tan","pink","red","brown","purple",
          "blue", "green","yellow","orange"]
                              # 设置 10 个可选颜色集，让图形漂亮起来
m=9                           # 指定正多边形的边数
color(colors[m%10])           # 按照除 10 取余的数字选择颜色
begin_fill()                  # 开始填充颜色
for n in range(m):            # m 边形的画法
    forward(60)               # 前移 60 像素（边长）
    left(360/m)               # 方向左转一个外角
end_fill()                    # 结束填充颜色
done()                        # 退出 turtle
```

为了生成五颜六色的图形，我们选了 10 个颜色，组成了颜色列表 colors。各正多边形选取的颜色和它的边数有关。确切地说，是和 m%10 的结果有关。% 是数学运算符，表示取余。如果 m 是 10，m%10=0，那么颜色是 black；如果 m 是 11，m%10=1，那么颜色是 tan；如果 m 是 9，m%10=9，那么颜色是 orange，以此类推。序号和颜色的对应关系如图 3-11 所示。

colors = ["black","tan","pink","red","brown","purple","blue", "green","yellow","orange"]

颜色序号	0	1	2	3	4	5	6	7	8	9

图 3-11　序号和颜色的对应关系

上述 m 分别取 3、4、5、6、7、8、9、10、11、12 的运行结果如图 3-12 所示。

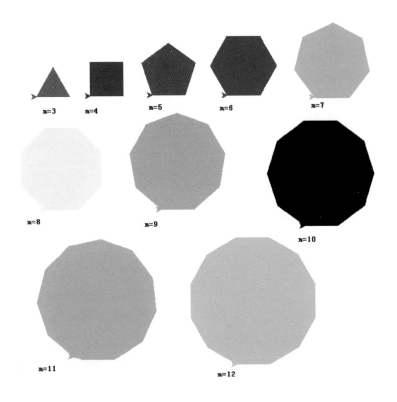

图 3-12　不同颜色的正多边形

3.2.4　可交互的正多边形

3.2.3 节画的正多边形都是在给定边数、边长和颜色的条件下画出来的。一旦程序编完，执行的结果是确定的。在执行的过程中，用户是不能与程序交互的。

我们现在要编写一个正多边形的图形，在编写程序的过程中，不指定边数、边长和颜色，在程序运行的过程中，由用户随机输入。在 Python 程序支持的范围，用户想要什么样的正多边形，按提示输入要求，程序就会画出什么样的。

程序和用户交互，提示用户输入信息，可以使用 input() 函数，作用是把用户的输入作为字符串来处理。举例来说：

```
myname= input("请输入你的名字:")
```

这个语句提醒你在 IDLE 中输入你的名字，然后把你的输入作为字符串，赋予 myname 这个变量。

由于 input() 把用户输入的内容当作字符串，如果你输入一个数字，也想

71

获取一个数字，显然只靠 input() 无法完成，需要使用 eval() 函数。也就是说，input(" 提示信息 ") 这个语句执行的时候，如果输入 33，input() 给程序返回的是字符串 "33"，而不是数字 33。如果你用来运算，程序会出错。eval() 函数可以把输入的 "33" 转变成数字的 33。

把下面的代码保存在 equpolygoninteractive.py 文件里。在这段代码中，比较新的东西就是从 IDLE 获取用户输入，然后把它保存在一个变量名中。

```python
from turtle import *                    # 导入库
speed(1)                                # 设置画笔移动速度
# 可交互的正多边形 (interactive equilateral polygon)
polygoncolor = input(" 正多边形的颜色是什么？\n 你可以选择 :\n"
                     "black,tan,pink,red,brown,\n"
                     "purple,blue,green,yellow,orange.\n")
                                        # 获取用户输入的颜色
lateralnum = eval(input(" 正多边形的边数是多少？\n "))
                                        # 获取用户输入的边数
laterallength =eval(input(" 正多边形的边长是多少？\n "))
                                        # 获取用户输入的边长
color(polygoncolor)                     # 设置填充颜色
begin_fill()                            # 开始填充
for n in range(lateralnum):             # 画正多边形的循环
    forward(laterallength)              # 前移的一个边长的长度
    left(360/lateralnum)                # 画笔左转一个外角的度数
end_fill()                              # 结束填充
done()                                  # 退出 turtle
```

首先，获取正多边形的颜色，把用户输入的颜色，使用 input() 赋予 polygoncolor 这个变量。这里, input() 输出的是字符串。用户可以看提示输入颜色，包括 black、tan、pink、red、brown、purple、blue、green、yellow 和 orange。提示信息中的 "\n" 是换行的意思，可以把 "\n" 去掉或加上，看看执行结果的区别。

接着，提示获取正多边形的边数，边数肯定是一个自然数，而 input() 输出的是字符串，所以把 input() 的输出作为整体，放在 eval() 的输入参数中。eval()

的输出就是一个自然数了,把这个值赋给 lateralnum 这个变量。

同理,可交互正多边形需要提示用户输入正多边形的边长,也就是以像素为单位的自然数,把它赋给变量 laterallength。

到这里,正多边形的颜色、边数和边长都设置好了,可以开始画正多边形了。

画正多边形的方法,在 3.2.3 节也讲过。只不过在 3.2.3 节,边数和边长在程序中设置好了。而这里使用的是变量,lateralnum 代表边数,laterallength 代表的是边长。

运行 equpolygoninteractive.py,我们要求画一个红色的边长为 40 像素的正七边形,如图 3-13 所示。

图 3-13 设置正多边形的交互过程

按照输入的要求,输出结果如图 3-14 所示。

图 3-14 红色正七边形

3.2.5 螺旋的多边形

在 IDLE 里新建一个文件 spiralheptagon7.py,输入下面的代码。运行一下,出现如图 3-15 所示的图形。

图 3-15　螺旋状的七边形

```
from turtle import *              # 导入 turtle 库
speed(1)                          # 设置画笔移动速度


# 螺旋状正七边形，360/7 大约为 51.42°
for i in range(150):              # 循环 150 次
    forward(i)                    # 画笔前移变量 i 表示的长度
    left(51.42)                   # 画笔左转 51.42°
done()                            # 退出 turtle
```

在这段代码中，变量 i 值从 0、1、2 一直增长到 149，多边形的边长就是取自 i 值。也就是说，每一次循环，forward(i) 就会使边长增加 1 像素。一个边长画完后，画笔向左转 51.42°。这个数字来源于 360/7，是一个正七边形的外角。由于边长每循环一次都增加 1 像素，并且左转的角度不变，最后形成了一个螺旋状的正七边形。

如果把循环体里的角度变大一些，或者变小一些，图形会如何变化呢？大家可以试一下。把循环体里 left() 的角度从 51.42 分别设置成 50、53，将分别生成如图 3-16 和图 3-17 所示的图形。当每次画笔左旋的角度小于正七边形的外角时，图形为顺时针旋转的样子，如图 3-16 所示；当每次画笔左旋的角度大于正七边形的外角时，图形为逆时针旋转的样子，如图 3-17 所示。

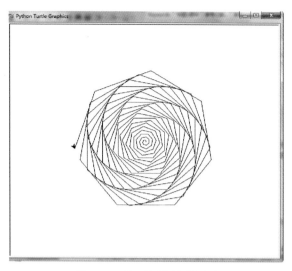

图 3-16　顺时针旋转的图形

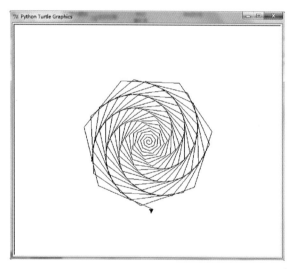

图 3-17　逆时针旋转的图形

从上面的例子可以看出，每次循环边长增加 1 像素，仅仅是 1 像素，多次循环后边长会大很多。画笔的朝向每次比正常多转一些，或者比正常少转一些。开始时旋转的效果不明显，几十次后，就会明显看出画笔的朝向偏离正七边形的正常朝向很多。累积效应是越来越明显的。

为了让这个图形更加漂亮，我们在画笔移动的过程中，增加画笔颜色的设置。在 spiralcolorfulpolygon_50.py的程序里，在开始设置了多边形可选的颜色集，包括 green、yellow、orange、red、brown、purple 和 blue，一共 7 个颜色。每个颜色的序号分别是 0、1、2、3、4、5、6，把这个颜色集赋予一个变量 colors。后续每次画笔颜色的变化，就从这个 colors 里获取，如图 3-18 所示。

colors = ["green","yellow","orange","red","brown","purple","blue"]

颜色序号　　　　0　　　　1　　　　2　　　　3　　　　4　　　　5　　　　6

图 3-18　颜色和序号的对应

取颜色的时候，标注 colors 的序号便可。例如，colors[0] 就是绿色（green），colors[1] 就是黄色（yellow），colors[2] 就是橙色（orange），以此类推。i%7 就是对变量除 7 取余，这个余数的变换范围是 0~6。每循环一次，画笔变一次颜色。

完整的 spiralcolorfulpolygon_50.py 的代码如下。

```
from turtle import *                    # 导入 turtle 库
speed(1)                                # 设置画笔移动速度
# 螺旋状彩色的正多边形（spiral colorful equilateral polygon）
colors = ["green","yellow","orange","red","brown",
          "purple","blue"]             # 设置可选颜色集
for i in range(150):                    # 循环 150 次
    color(colors[i%7])
    # 每循环一次变一次颜色，按照 i%7（取余）的值在颜色集中选颜色
    forward(i)
    # 前进 i 像素，即每循环一次，边长增加 1 像素
    left(50)
    # 画笔朝向左转 50°，整体上顺时针旋转，每次比正七边形外角小一点
done()                                  # 退出 turtle
```

这段程序的代码一共循环 150 次，当然可以调整得更多或更少一些。每次循环执行程序执行如下 3 个动作。

（1）将画笔颜色变一次，颜色从 colors 颜色集里取。

（2）前进 i 像素。每循环一次，这个 i 值会增加 1，即边长会逐渐增大。

（3）画笔朝向左转 50°。每次比正七边形外角小一点。

执行这段代码会生成非常漂亮的顺时针旋转的图形，如图 3-19 所示。

按照同样的方法，可以生成一个逆时针旋转的图形。3.2.5 节介绍过，只

要把 spiralcolorfulpolygon_50.py 代码里的 left(50) 改成 left(53)，便可以实现了。

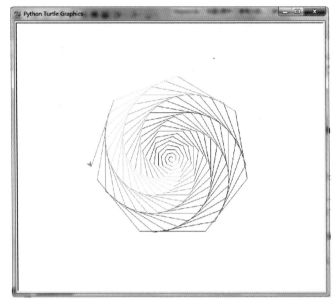

图 3-19　彩色顺时针旋转图形

由于上面的颜色集选的颜色都偏亮，在白色的背景下对比不是很明显。尤其是黄色，在白色的背景下不太清晰。于是我们想到把背景颜色变成黑色。

screensize(bg="black") 或 bgcolor("black") 都可以把画布的背景颜色变成黑色。

在 spiralcolorfulpolygon_53.py 的程序里，相对于 spiralcolorfulpolygon_50.py 我们只变更了两个地方，设置画布背景颜色为黑色，将循环体里的左旋 50° 改成左旋 53°，如图 3-20 所示。

图 3-20　改变设置

变更后运行的结果如图 3-21 所示。

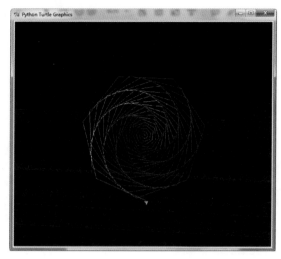

图 3-21　黑色背景逆时针旋转图案

3.3　美丽的花朵

研究并运行好玩的、有趣的程序案例，是学习编程的重要途径。用 Python 画美丽的花朵，研究其运行过程。然后这改一下，那改一下，看看图形如何变化，是一件非常有趣的事情！

3.3.1　旋转花瓣

用程序画花朵的一个秘诀，就是先画好一个花瓣，然后把它放在循环体里，每次将画笔朝向旋转一定的角度，旋转一圈 360°，就可以形成一朵漂亮的花了。

我们想到前面画叶子的代码：

```
import turtle                    # 导入 turtle 库
turtle.circle(-90,90)           # 画圆弧
turtle.right(90)                # 画笔右转 90°
turtle.circle(-90,90)           # 画另一半圆弧
```

用这段代码画出来的只是一个花瓣。现在的问题是如何画多个这样的花瓣，形成一朵花。如果每次画花瓣都在同样的位置画，最后还是一个花瓣，形不成花。这就需要画完一个花瓣，将画笔朝向旋转一下，在下一个位置再画一个花瓣。例如，每次画笔朝向旋转 10°，那么执行 36 次循环后就会画满一圈；每次画笔朝向旋转 20°，那么执行 18 次循环后就会画满一圈。

将下面的代码保存在 flowerleaf10.py 文件中，然后运行，结果如图 3-22 所示。

```
from turtle import *          # 导入 turtle 库
bgcolor("black")              # 画布背景是黑色
color("orange")               # 画笔颜色是橙色
speed(1)                      # 画的速度是慢速

for i in range(36):           # 循环 36 次
    setheading(10*i)          # 每次画笔朝向增加 10°
    circle(-90,90)            # 花瓣的一瓣：圆心在右侧，
                              # 半径为 90 像素，弧长 90°
    right(90)                 # 画笔朝向转 90°，准备画另外一个花瓣
    circle(-90,90)            # 花瓣的另外一瓣

done()                        # 退出 turtle，避免程序无响应
```

这里将画笔朝向每次循环增加 10°，用的是 setheading(10*i)。i 的值从 0、1、2、3 一直增加 35;画笔的朝向也从 0°、10°、20°、30°，变成 350°。正好旋转一圈，共计 36 个花瓣。

图 3-22 叶形花瓣形成的花

如果每次画笔朝向改变的度数大一些，假如是 20°，画 18 个花瓣就是一周，即把上述代码循环次数改为 18，朝向每次增加 20°，修改的代码如下。

```
for i in range(18):        # 循环 18 次
    setheading(20*i)       # 每次画笔朝向增加 20°
```

最后运行的结果是，花瓣数明显减少了，如图 3-23 所示。

图 3-23　花瓣数减少

前面有画正方形的方法，把这个正方形作为一个花瓣，放在上面代码的循环体里，如图 3-24 所示，保存在 flowersquare.py 的程序里。

```
for n in range(4):  # 正方形，4 条边
    forward(60)     # 每个边长 60 像素
    left(90)        # 画笔左转 90°（直角）
```

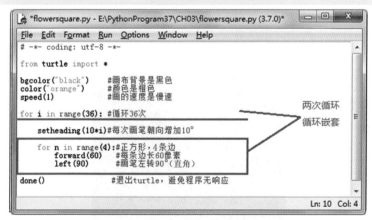

图 3-24　正方形的代码放在循环体里

如图 3-24 所示，我们引入了两次循环。内层循环就是画正方形的过程，一

共 4 条边，每条边画完，画笔转 90°，画另外一条边，所以循环 4 次；而外层循环则是把正方形作为花瓣，每次画一个花瓣，画笔朝向增加 10°，最后循环 36 次，画完这个图。最后图形的效果如图 3-25 所示。

图 3-25　正方形循环形成的花朵

为了把上面的花朵变得再漂亮一些，将内层循环变成一个菱形，如下所示。

```
for j in range(2):          # 内层循环两次
    forward(100)            # 画笔向前走 100 像素
    right(60)              # 然后画笔向右转 60°
    forward(100)            # 画笔向前走 100 像素
    right(120)             # 然后向右转 120°
```

上面代码画的菱形是一个内角为 60° 和 120° 的四边形。将这段代码放在前面代码的循环体里，保存在文件 flowerdiamond.py 里，如图 3-26 所示。运行的结果如图 3-27 所示。

图 3-26　菱形的代码放在循环体里

图 3-27 · 菱形循环形成的花朵

大家注意到，前面的图中花瓣旋转用的是 setheading(10*i)。图形形成的过程，花瓣逆时针旋转。这次菱形旋转用的是 right(10)，每次循环画笔顺时针旋转 10°。

3.3.2　太阳花炫起来

太阳花见阳光开花，早、晚和阴天闭合，是一种非常有趣的花。我们用 Python 画一下太阳花，然后逐渐修改它，看看效果。

把下面的代码保存在 sunflower.py 文件中，和前面的代码相比，这段代码并不难，只不过将画笔沿直线移动 20 次,转向 20 次罢了,最后出来的效果如图 3-28 所示。

```python
from turtle import *          # 导入 turtle 库
color("red", "yellow")        # 画笔是红色，填充用黄色
speed(5)                      # 画笔移动的速度是 5
begin_fill()                  # 开始填充颜色
for i in range(20):           # 下面的动作循环 20 次
    forward(150)              # 画笔前行 150 像素
    left(126)                 # 画笔朝向左 126°
end_fill()                    # 结束填充颜色
hideturtle()                  # 隐藏画笔
done()                        # 避免画面无响应，安全退出 turtle
```

图 3-28　太阳花

将上面代码中 left(126) 里的角度值改为 171，效果如图 3-29 所示。之后我们再将循环次数改为 100，新的图案如图 3-30 所示。

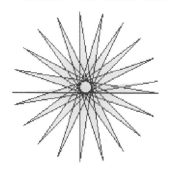

图 3-29　心变小的太阳花

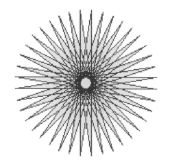

图 3-30　变密的太阳花

现在要在画布上画几朵随机颜色的太阳花，如何修改程序呢？前面有了画一朵太阳花的程序，画多朵的话显然还需要一重循环。这就涉及循环嵌套的问题，如图 3-31 所示。

```
for i in range(5):        #外层循环体，循环 5 次
    ·
    ·
    ·
    for j in range(20):   #内层循环体，循环 20 次
        ·
```

图 3-31　循环嵌套

把下面的代码保存在 fivesunflowers.py 文件中，然后运行。每次运行都会有不同布局、不同颜色的太阳花生成，如图 3-32 所示。这是因为这段代码还使用

83

了 random 库，产生了颜色和画笔位置的随机数字。

from random import * 是导入产生随机数的库 random，可以使用这个库的随机函数。random() 随机生成一个在 (0,1) 之间的实数。可以调整 RGB(r,g,b) 三元组里的各个数值，从而调整填充颜色。在这段程序里，(r,g,b) 这 3 个值都是由随机函数 random() 生成。

画笔位置也是由随机函数生成的，randint(a,b) 是指随机产生一个 a 和 b 之间的整数。画笔位置由水平坐标 x 和垂直坐标 y 确定，分别使用 setx() 和 sety() 来设置。setx(randint(-300,300)) 是指随机产生一个 -300~300 的整数（像素位置），作为水平维度坐标；sety(randint(-200,200)) 是指随机产生一个 -200~200 的整数（像素位置），作为垂直维度坐标。

```python
from turtle import *            # 导入 turtle 画图库
from random import *            # 导入产生随机数的库


speed(5)                        # 画笔移动的速度是 5
pencolor("black")               # 设置画笔颜色为黑色


for i in range(5):              # 外层循环体，画 5 个太阳花
    r=random()                  # 随机成 R 维度的颜色
    g=random()                  # 随机成 G 维度的颜色
    b=random()                  # 随机成 B 维度的颜色
    fillcolor(r,g,b)            # 画笔颜色 RGB 三元组随机生成，
                                # 每次循环生成一种 RGB 组合

    penup()                     # 将画笔抬起
    setx(randint(-300,300))    # 随机设置一个水平维度坐标
    sety(randint(-200,200))    # 随机设置一个垂直维度坐标
    pendown()                   # 将画笔放下

    begin_fill()                # 开始填充颜色
    for j in range(20):         # 下面的动作循环 20 次
```

```
        forward(150)                    # 画笔前行 150 像素
        left(126)                       # 画笔向左 126°
    end_fill()                          # 结束填充颜色


hideturtle()                            # 隐藏画笔
done()                                  # 避免画面无响应, 安全退出 turtle
```

上面代码运行之后的图形如图 3-32 所示。

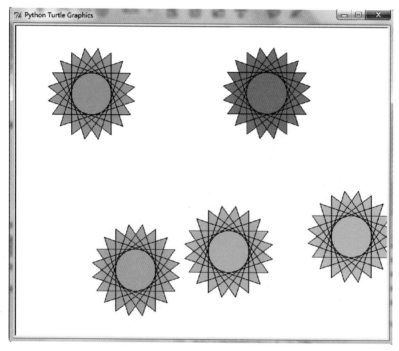

图 3-32　几朵不同颜色的太阳花

4 ➡

引入函数

创建自己的模块——引入函数

第 3 章我们学会了使用循环完成重复且有规律的事情。越大的程序，越需要多人协作完成。如同用积木搭一座大楼一样，我们需要使用多个模块组合成自己想要的程序。本章介绍组成程序的模块——函数，如图 4-1 所示，并使用函数的方式完成一些有趣图形程序的编写。

本章我们将学会

（1）编程知识：可复用的函数。

（2）如何调用自己定义的函数模块。

（3）使用函数，用模块化的方法画玫瑰。

（4）构建长方形、五角星函数。

（5）能够生成五星红旗和星条旗。

（6）编程知识：比较运算。

（7）编程知识：条件语句。

（8）能够使用 if…else…条件语句。

（9）能够使用 if…elif…else…多条件语句。

（10）生成任意大小和位置的五星红旗和星条旗。

图 4-1　编程协作

我们应该注意到，没有一个受过伦理教育的软件工程师会同意开发出"摧毁巴格达"的程序。然而基本的职业道德却可以要求他们开发出"摧毁城市"的程序，巴格达只是这个程序的一个参数。

——Nathaniel S.Borenstein

电小白："你说编程有时候是个团队运动，怎么理解？"

清青老师："越大的程序，越需要多人协作完成。"

电小白："问题是不同程序之间怎么协作啊？"

清青老师："每个程序都可以制作成一个模块归他人调用。我们前面也提过 Python 是一个胶水语言，import 就是 Python 的胶水，它能够很轻松地把用其他语言制作的各种模块粘在一起。"

电小白："复制粘贴么？"

清青老师："不，我们以复制粘贴为耻！以模块复用为荣！"

电小白："我也想把我编的程序给其他人复用。"

清青老师："好啊，我们这就开始吧。"

4.1　让你的程序可复用

一个超大规模的程序，通常是集体智慧的结晶，会用到很多第三方的库，也会用到大量团队成员编写的库和函数。这就需要每个人的程序功能模块可复用。模块化编程思想是编写大规模程序的重要思想。函数是程序复用的最基本单元。

4.1.1　编程一点通：函数

你的程序能为别人使用，首先要把它做成一个功能模块以便于调用。这样一个功能模块是组织好的，可重复使用的，用来实现单一或相关联功能的代码段。我们把这样一个功能模块叫作函数。

函数对于程序来说，如同积木模块对于积木组合出来的玩具一样。

其实，在前面我们已经用了很多 Python 自带库里的函数，如 turtle 库里的

forward()、left()、circle() 等。

我们在使用这些函数的时候，并不考虑它们是由谁编写的，是如何实现的，我们考虑的是如何使用。使用一个函数，需要了解的是这个函数是干什么用的，需要输入什么参数，函数执行完后返回什么数。

举例来说，商鞅徙木立信的故事中，商鞅设计了一个任务，这个任务要求有人把木头从南门移动到北门，如果移动成功就给50金。这个任务定义了一个过程，顺利完成这个过程后，会得到相应的结果。但是谁来完成这个任务，在布告发出去前，是不知道的。

之后，在商鞅管辖的范围内，会有很多类似移动木头的任务，出发地、目的地每次也可能不一样，但有一系列要求和动作是共同的。这样商鞅定义一个移动木头的标准工作流程，如下所示。

```
def 移动木头函数（出发地，目的地，人名）：
    搬动木头的标准流程和动作
return 任务成功与否
```

具体工作时，不需要商鞅在场，只要指定出发地、目的地和执行任务的人，负责人执行商鞅的这个标准工作流程，就能达到他要求的工作标准。由于在执行过程中，会碰到阻碍任务成功的特殊情况，执行完这个标准流程后，需要汇报这个任务执行是否成功。

可以把这个任务看成一个计算机编程的函数，这个函数的作用就是移动木头。一个负责人只需要指定出发地和目的地，并确定执行任务的人，就可以按照这个标准工作流程开始工作。这样这个负责人就相当于调用一次这样的函数，如图 4-2 所示。

张三把木头从南门移动到北门，李四把木头从西门移动到东门，具体负责人都可以调用移动木头的函数：

```
移动木头函数（出发地＝南门，目的地＝北门，人名＝张三）
移动木头函数（出发地＝西门，目的地＝东门，人名＝李四）
```

也就是说，设置这个函数要求的输入参数：出发地、目的地、人名；然后执行这个函数里规定的动作来完成任务，最后返回任务成功与否。

函数就是让代码具有模块性和可复用性。好的函数，就相当于一个好的任务完成工具。人们使用这个函数，可以在不同场景下完成特定任务。这样，可以提高代码的重复利用率，降低总体程序开发成本。

图 4-2　函数示例

4.1.2　定义自己的函数

我们已经有了画正多边形的例子，可以把这个程序的核心部分改编成一个函数。一个函数的基本结构如下。

```
def 函数名（输入参数）：
    函数功能体
return（返回参数）
```

关于 Python 的函数我们需要注意以下两点。

（1）def 语句后须有英文冒号 "："，没有这个冒号，将出现语法错误。

（2）函数功能体要注意缩进（4 个空格即可）。不缩进的部分将不是函数里的内容。

可以发现这两点和前面的 for 循环语句的要求相似。

前面的交互型正多边形可以按照用户输入的颜色、大小和边数来输出相应的正多边形。我们把它编写成一个函数，放在 equpolygonfunction.py 的程序里，如图 4-3 所示，然后进行调用。

函数代码块以 def 关键词开头，图 4-3 中这段程序的函数名称为 equpolygon，要求输出 3 个参数：正多边形的颜色 polygoncolor、正多边形的边数 lateralnum 和正多边形的边长 laterallength。要求输入的参数一定在英文圆括号 () 的里面。函数体的工作是设置填充颜色，画指定边数、指定边长的正多边形。equpolygon() 就是我们自己定义的第一个函数。

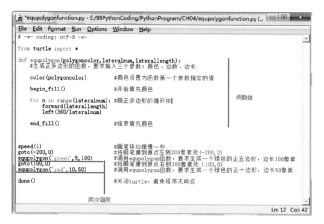

图 4-3 将生成正多边形的代码放在函数里

上面这段程序调用了两次 equpolygon() 画了两个正多边形，分别用 goto() 给这两个正多边形指定了画图的位置。

函数的第一行语句可以进行适当标注和说明，告诉别人函数的功能及需要输入的参数，以便别人在使用你编的函数时，快速知道用法。这里给这个函数的注释是"生成正多边形的函数，要求输入三个参数：颜色、边数、边长"。

两次调用生成正多边形的函数，效果如图 4-4 所示。

图 4-4 调用生成正多边形的函数的效果

4.1.3 模块化的玫瑰

我们在第 2 章已经画了几朵玫瑰花，但这段画玫瑰花的代码不便于复用。也就是说，如果需要在另外一个地方再画一朵玫瑰花，你需要把类似的代码重新再写一遍。

为了能够重用，我们重新构建玫瑰花的代码，设计叶子 leaf()、叶柄 petiole() 和花蕊花瓣 rosepetal() 等几个函数。

这里需要指出的是，如果用绝对位置画图就不便于复用，因为如果一个代码总在一个位置画图，别人调用这个代码的意义就不大了。所以我们在函数的设计过程中，不要使用绝对位置。将函数里的位置作为参数传给它。

首先，设计 leaf(x,y) 这个函数，给它输入一个画笔的开始位置，它就可以从这个位置开始，在右边画一片叶子。用 def 来声明一个画叶子的自定义函数，并且要加上英文冒号，表明下面开始的缩进区域的代码属于这个函数。

```
def leaf(x,y):
```

leaf(x,y) 函数的工作，就是前面画玫瑰叶子和叶脉的代码要做的事情。但前面代码中涉及绝对位置的地方需要变成输入参数 (x,y)，如图 4-5 所示。goto 语句是典型的用来指定绝对位置，将 goto(3,-30) 变成 goto(x,y)。其他语句不涉及绝对位置，无须变化，都放在 def leaf(x,y): 下面的缩进格式的位置便可。

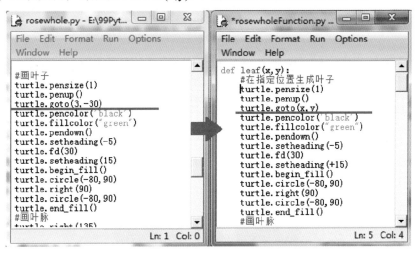

图 4-5　将画玫瑰中叶子的代码块变成函数块

同样地，画花柄的代码也可以把程序里表示绝对位置 goto() 语句的地方换成 goto(x,y)，其他语句不变，如下面的代码。

```
def petiole(x,y):              # 在指定位置画花柄的函数
    turtle.penup()             # 抬笔
    turtle.pensize(5)          # 设置画笔宽度为 5
    turtle.pencolor('brown')   # 设置画笔颜色为棕色
    turtle.goto(x,y)           # 画笔移动到指定位置
    turtle.setheading(-90)     # 设置画笔朝向
    turtle.pendown()           # 落笔
    turtle.forward(100)        # 画笔前移 100 像素
    turtle.circle(200,40)      # 画半径为 200 像素的 40°圆弧
```

在指定位置画玫瑰花蕊和花瓣使用的函数是 rosepetal(x,y)，用下面的语句声明。

```
def rosepetal(x,y):
```

将画花蕊和花瓣的代码里涉及绝对位置的 2 个地方（一个是花蕊画笔默认的起笔位置（0，0），一个是花瓣 1 画笔开始的位置 turtle.goto(33,-20)），都用 goto(x,y) 替换，其他语句不变，但需要放置在缩进区域。

叶子 leaf()、叶柄 petiole() 和花蕊花瓣 rosepetal() 这几个函数就相当于画玫瑰花的模块，编玫瑰花程序的时候，可以用这些模块像搭积木一样搭建一个程序，然后在主程序中调用这些函数。

将函数 rosepetal(x,y)、petiole(x,y)、leaf(x,y) 放在 rosewholeFunction.py 文件里，然后编写主程序，调用这些函数就可以了，如下所示。

```
# 下面开始调用函数画图
for i in range(3):                  # 使用循环在不同位置画 3 个玫瑰花
    rosepetal(-200+200*i,200)  # 画花蕊和花瓣
    petiole(-197+200*i,73)        # 画叶柄
    leaf(-200+200*i,30)            # 画叶子
    turtle.setheading(0)           # 设置画笔角度为 0
turtle.hideturtle()                 # 隐藏画笔
turtle.done()                       # 退出 turtle，避免程序无响应
```

在主程序中，我们用 for 循环语句画 3 朵玫瑰，每朵玫瑰都需调用 rosepetal(x,y)、petiole(x,y) 和 leaf(x,y) 这 3 个函数。问题的关键是 (x,y) 该取多少。取值不当，花蕊花瓣、叶柄和叶子的位置就对不上去。y 值可以取和第 2 章玫瑰程序中绝对位置语句中一样的数值。为了将 3 朵玫瑰水平均匀地分布在画布上，我们分别让 3 朵玫瑰的水平位置间隔 200 像素，用 200*i 来实现。第一朵玫瑰的水平位置相对于原点往左移 200 像素。

为了避免画下一朵玫瑰时，画笔朝向出现问题，在画完每一朵玫瑰的后面使用 setheading(0) 将画笔初始角度归 0。

运行 rosewholeFunction.py，结果如图 4-6 所示。

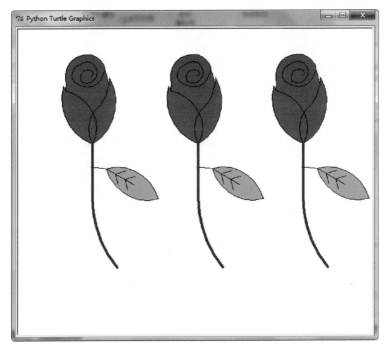

图 4-6　调用函数模块画 3 朵玫瑰

rosepetal(x,y) 这个函数需要 x 和 y 两个参数，表示位置。还可以增加一个颜色维度的参数，这样在其他人调用这个函数的时候，可以设置想要的颜色。现在定义 rosepetal(x,y) 函数如下。

```
def rosepetal(x,y,rosecolor):
```

这里，新增了一个参数 rosecolor，在花蕊花瓣这段代码中，设置填充颜色的代码，把之前固定的颜色值 red 改为输入参数变量 rosecolor，如下所示。

```
turtle.fillcolor(rosecolor)
```

在主程序调用的时候，需要在设置 x,y 值的时候，比上面多设置一个颜色参数。这里调用 rosepetal() 函数时，使用第 3 章所述的颜色列表 colors 来赋值。

```
colors = [ "green","purple","red"]
```

这里 colors[0] 是绿色(green)，colors[1] 是紫色(purple)，colors[2] 是红色(red)。

在主程序调用的时候，直接用 colors[i] 做颜色参数便可。i 的值取为 0、1、2，颜色值分别就是绿色、紫色和红色。

把增加颜色参数以后的代码保存在 rosewholeFunctioncolor.py 文件中，如下所示。

```
# 下面开始调用函数画图
colors = [ "green","purple","red"]      # 颜色列表
for i in range(3):                       # 使用循环画 3 朵玫瑰花
    rosepetal(-200+200*i,200,colors[i])# 画花蕊和花瓣
    petiole(-197+200*i,73)               # 画叶柄
    leaf(-200+200*i,30)                  # 画叶子
    turtle.setheading(0)                 # 设置画笔角度为 0
turtle.hideturtle()                      # 隐藏画笔
turtle.done()                            # 退出 turtle,
                                         # 避免程序无响应
```

运行结果如图 4-7 所示。

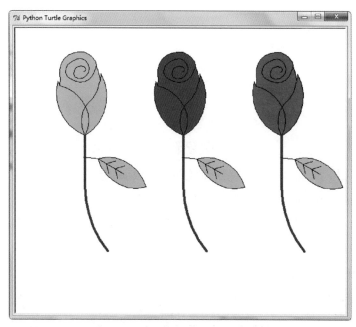

图 4-7   增加颜色参数后的运行结果

4.1.4　用户自定义玫瑰库函数

我们可以把 rosewholeFunctioncolor.py 放在 Python 安装目录的 Lib 子目录下，在 IDLE 中用 import 调用。如图 4-8 所示，输入 import rosewholeFunctioncolor 后，这个程序就开始运行了。

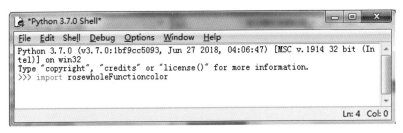

图 4-8　调用用户自定义函数库

在运行完这个程序后，我们可以在 IDLE 中调用这里面的函数，如图 4-9 所示，程序会提示 import 某个库后有哪些可用的函数。

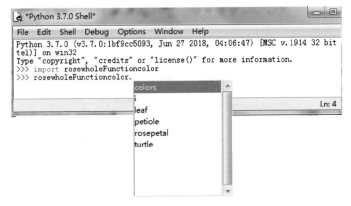

图 4-9　调用画玫瑰花蕊和花瓣的函数

也可以将画玫瑰花的函数部分和函数调用部分分开，分别保存在 roseFunction.py 和 rosecall.py 中。

roseFunction.py 中保存着玫瑰花的模块：花柄、花叶、花蕊花瓣的函数代码。将这个玫瑰花的库放在 Python 安装目录的 Lib 子目录下。在 ">>>" 提示符后输入如图 4-10 所示的代码。

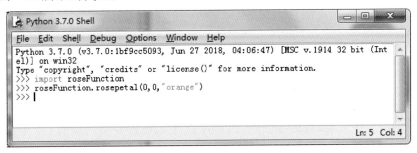

图 4-10　在 IDLE 中调用自定义库中的函数

这样画笔就开始在画布里移动，不久就画出了橙色的花蕊和花瓣。

在 rosecall.py 的程序中调用 roseFunction 里的函数的方法和我们使用 turtle 库里函数完全一样。使用 import roseFunciton 或者 from roseFunciton import ∗，导入 roseFunction 这个自定义库，代码如下所示。

```
import turtle                        # 导入 turtle 库
from roseFunction import *           # 导入自定义的画玫瑰的函数库


# 下面开始调用函数画图
colors = [ "green","purple","red"]        # 指定颜色集
for i in range(3):                        # 循环 3 次
    rosepetal(-200+200*i,200,colors[i])   # 画花蕊和花瓣
    petiole(-197+200*i,73)                # 画叶柄
    leaf(-200+200*i,30)                   # 画叶子
    turtle.setheading(0)                  # 设置画笔角度为 0
turtle.hideturtle()                       # 隐藏画笔
turtle.done()                             # 退出 turtle, 避免
                                          # 程序无响应
```

4.2　中美两国的国旗

用粤语讲"各个国家有各个国家的国旗"，非常有意思。这里要用 Python 画两个国家的国旗，这两个国家的国旗的基本组成元素是长方形和五角星，如图 4-11、图 4-12 所示，这就需要构建一个长方形和五角星的函数。但是各个基本图形的大小、颜色、位置和角度都不同。所以，长方形和五角星的这些特性应该可以作为参数传递给函数。

中美两国的国旗里，长方形和五角星的数量不同，我们在构建的时候需要用循环来解决。

图 4-11　五星红旗的组成元素

图 4-12　星条旗的组成元素

4.2.1　构建长方形函数

　　要构建长方形函数，首先要考虑的是在画两国的旗子的时候，需要设置长方形哪些属性。首先，需要设置长方形的位置，即输入画笔起笔的位置参数 (x,y)；然后，需要设置长方形的大小，即设置长和高的参数；当然还需要设置长方形的颜色。

　　所以，定义的长方形需要有 5 个参数：画笔起始的水平位置（x），画笔起始的垂直位置（y），长方形的长（length），长方形的高（height），颜色参数（rectcolor）。

定义的长方形函数如下。

```
def rectangle(x,y,length,height,rectcolor):
```

接下来就开始设计这个函数了。首先肯定要把画笔抬起来，移动到参数指定的（x，y）位置，设置画笔颜色，落笔。接下来使用 fillcolor() 设置矩形填充颜色，在 begin_fill() 和 end_fill() 之间把长方形的代码放进去。这些动作几乎是画图的必然流程了。

由于长方形的长和高不相同，需要分别设置，所以生成长方形的代码不能像正方形那样循环 4 次完成，这里需要循环两次，每次分别设置长和高的大小。这个函数保存在 rectanglef.py 文件中，如下所示。

```
def rectangle(x,y,length,height,rectcolor):
          # 构建长方形的函数，需输入位置、长、高和颜色等参数
     t.penup()                        # 抬笔
     t.goto(x,y)                      # 画笔起始位置
     t.pencolor(rectcolor)            # 画笔颜色
     t.pendown()                      # 落笔
     t.fillcolor(rectcolor)           # 设置填充颜色
     t.begin_fill()                   # 开始填充
     for i in range(2):               # 长和高循环体循环两次
          t.forward(length)           # 画长方形的长
          t.right(90)                 # 画笔右转 90°
          t.forward(height)           # 画长方形的高
          t.right(90)                 # 画笔右转 90°
     t.end_fill()                     # 结束填充
```

完成一个函数，然后可以在主程序中试着调用一下，看是否能够正常运行，如下所示。

```
t.speed(1)
rectangle(-150,100,300,200,'red')
# 调用函数，画一个红色矩形，起始位置在（-150，100），长 300 像素，
# 高 200 像素
t.hideturtle()                       # 隐藏画笔形状
```

```
t.done()                              #退出 turtle
```

在这个函数里面，我们使用了 import turtle as t 语句，意为导入 turtle，重命名为 t，以后使用 turtle 的地方，都可以用 t 代替了。

运行结果如图 4-13 所示。

图 4-13　调用画矩形函数的结果

4.2.2　构建五角星函数

正五角星的画法已经讲过，我们这里要构建一个正五角星的函数，方便调用。同样地，我们需要考虑的是五角星的函数需要哪些输入参数，在什么地方画，画什么颜色的，五角星的大小是多少，这些都是定义一个五角星必要的属性。正五角星的大小可以由边长决定。有些图形需要正五角星旋转一个角度，这就要设置一个画笔起笔时朝向的参数。

所以，定义正五角星的函数有 5 个参数：画笔起始的水平位置（x），画笔起始的垂直位置（y），正五角星的边长（length），颜色参数（starcolor），以及起笔时画笔的朝向（angle）。我们定义的正五角星的函数如下。

```
def star(x,y,length,starcolor,angle):
```

接下来的程序设计就是抬笔、移笔、设置画笔颜色、落笔、设置正五角星填充颜色，以及在 begin_fill() 和 end_fill() 之间把正五角星的代码放进去。

我们把这段代码保存在 starf.py 文件中。

完成一个函数，可以在主程序中试着调用一下，看能否正常运行，如下所示。

```
t.speed(1)                    # 设置画笔速度
star(-150,100,50,'yellow',0)
            # 调用函数，画一个边长为 50 像素的黄色五角星
            # 起笔处在（-150，100），正五角星不用旋转
t.hideturtle()                # 隐藏画笔形状
t.done()                      # 退出 turtle
```

运行结果如图 4-14 所示。

图 4-14　黄色正五角星

4.2.3　五星红旗迎风飘扬

五星红旗最基本的构建元素就是长方形和五角星。接下来，我们设计一个五星红旗的函数。根据我国国旗规范，五星红旗的长高比例为 3：2，知道长就可以算出高。所以五星红旗的输入参数定一个就可以了，我们把长（length）定为输入参数。五星红旗的位置画在画布的正中央，对这个位置我们就先不进行设定了。

```
def fivestarsredflag(length):
```

五星红旗的函数，需要画红色矩形、左上角大的黄色正五角星和围绕着正五角星的 4 颗小五角星。所以需要调用 1 次 rectangle(x,y,length,height,rectcolor) 函数，调用 5 次 star(x,y,length,starcolor,angle) 函数。

现在的问题是，调用这些函数时相关的输入参数如何设置。

五星红旗的高是长的 2/3，所以 height 可以用 length*2/3 作为输入。这里的颜色设置包括 rectcolor、starcolor，我们使用 RGB(r,g,b) 三元组设置。五星红旗的红色和黄色是有标准的 RGB 值的，在网上可以查到。红色的 RGB 值，我们查到的是 (0.956,0,0.008)；黄色的 RGB 值，我们查到的是 (0.98,0.96,0.03)。

关于国旗的红色矩形（x, y）的设置，5 个正五角星的（x, y）、边长（length）和角度（angle）的设置也都是有国旗规范要求的。现在我们先把这些问题搁在一边，看看生成五星红旗函数的逻辑结构，在 fivestarredflag.py 的程序里，有下面的代码。

```
def fivestarsredflag(length):
# 设计一个五星红旗函数，
# 五星红旗的长高比例为 3 : 2，知道长就可以算出高
    l=length/(2*15)                # 五星红旗长度计算的基本单位
    rectangle(-l*15,l*10,length,length*2/3,(0.956,0,0.008))
    # 在画布的中央画长方形，画笔起始的位置在左上角长和高一半的位置
    star(-l*13,l*6,l*5.7,(0.98,0.96,0.03),-36)
    # 画大星，关键点是按照国旗规范找准大星在画布的位置、边长和角度
    stars_position = [(-5, 7), (-3, 5), (-3.5, 2), (-6,0.5)]
    # 4 颗小星星的位置
    anglelist=[84,62,30,15]
    # 4 颗小星星的画笔起笔的角度
    i=0                            # 小星星的序号
    for position in stars_position:
        star(position[0]*l,position[1]*l,l*1.9,
            (0.98,0.96,0.03),anglelist[i])
                                   # 画 4 颗小星星
        i+=1                       # 小星星的序号标志
```

从上面这段代码中，我们看一下自定义函数的调用。

首先看一下画红色矩形的函数调用。设置了画笔的起始位置（x，y）、长、高以及颜色值。函数调用和函数本身的对应关系如图 4-15 所示。

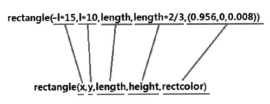

图 4-15 画红色矩形的函数调用关系

我们在这里介绍一下五星红旗中 5 颗星星的位置规格。先将整个旗面 4 等分，将左上方长方形划分为 15×10（长 × 宽）个方格。设每个方格的长度为 l，l=length/(2*15)。如图 4-16 所示，以 l 为坐标单位的话，大五角星的中心是（−10，5），大五角星外接圆的直径为 6l；4 颗小五角星的中心点：第 1 颗位于（−5，8），第 2 颗位于（−3，6），第 3 颗位于（−3，3），第 4 颗位于（−5，1）。每颗小五角星外接圆的直径均为 2l。4 颗小五角星均有一角尖正对大五角星的中心点。

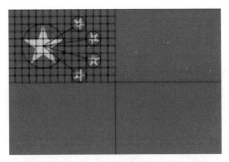

图 4-16 五颗星在红旗中的位置

画左上角大星的关键点是找准画笔的起始位置，这和五角星的中心不是一回事，画笔的起始角度和五角星旋转角度也不是一回事，需要换算。还有五角星函数里的边长和五角星外接圆的直径也不是一回事。这里画笔起始位置、边长和角度的测算将在第 5 章介绍，这里我们看函数调用和函数本身的关系，如图 4-17 所示。

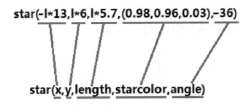

图 4-17 画黄色正五角星的函数调用关系

围绕大星星的 4 颗小星星起始画笔的位置和角度也都是有规定的。这里我们通过换算，变成五角星函数可以接受的数值，分别把它们保存在两个序列里。

4 颗小星星起始画笔的角度保存在 anglelist 序列中，也有 4 个值，如下所示。

```
anglelist=[84,62,30,15]
```

anglelist 序列的使用和前面保存颜色值序列的 colors 方法是一样的：

anglelist[0]=84,anglelist[1]=62, anglelist[2]=30, anglelist[3]=15。

小星星起始画笔的位置保存在 stars_position 的二维序列里，有 4 组值，如下所示。

```
stars_position = [(-5,7),(-3,5),(-3.5,2),(-6,0.5)]
```

在这里 stars_position[0]=(-5,7),stars_position[1]=(-3,5),stars_position[2]= (-3.5,2), stars_position[3]=(-6,0.5)。

每一个 stars_position[i] 又是一个序列，包含两个值: stars_position[i][0] 和 stars_position[i][1]。例如，stars_position[0][0]=-5,stars_position[0][1]=7。

具体的数值如何，按规范选取，这里我们看到在 for 循环体里调用了 4 次 star(x,y,length,starcolor,angle) 函数，生成了围绕大五角星的 4 颗小星星，而且 4 颗小星星总有一个角对着大五角星的中心。

for position in stars_position: 的意思是 position 在 stars_position[0], stars_position[1], stars_position[2], stars_position[3] 里取值，也就是说，position 本身是一个包含两个值的一维序列，当 position 取 stars_position[3] 的时候，position[0]=-6, position[1]=0.5。

函数调用和函数本身的调用关系如图 4-18 所示。

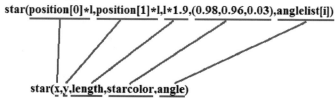

图 4-18　4 个小星星生成的循环和函数调用

在主程序里调用生成五星红旗的函数，如下所示。

```
t.speed(1)                          # 画笔移动速度
```

```
fivestarsredflag(600)              # 调用五星红旗函数
t.hideturtle()                     # 隐藏画笔形状
t.done()                           # 完成图形
```

这里生成的是一面长为 600 像素、高为 400 像素的五星红旗，如图 4-19
所示。

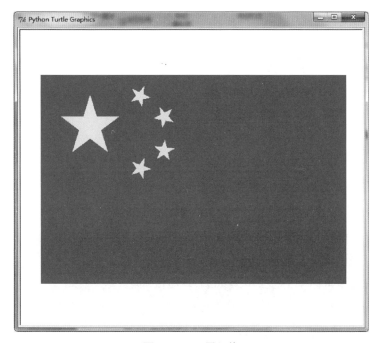

图 4-19　五星红旗

4.2.4　星条旗的矩形部分

美国的国旗由 13 道红白相间的宽条构成，左上角还有一个蓝色长方形，包
含了 50 颗白色的小五角星。13 道条纹象征着美国最早建国时的 13 块殖民地，
而 50 颗小星星代表了美国的 50 个州。这里面红色象征勇气，白色象征真理，蓝
色则象征正义。

但对我们来说，重要的是如何把它画出来，这需要知道更加细节的规格。例
如，从网上可以查知，美国国旗的长度和宽度比是 1.9:1，左上角蓝色矩形的长
为国旗长的 2/5，宽是 7 道条纹那么宽。美国国旗红色条纹的 RGB 三元组颜色值
为 (0.698,0.132,0.203)，左上角蓝色矩形的 RGB 三元组颜色值为 (0.234,0.233,0.430)。

知道这些信息就可以调用前面的长方形函数 rectangle(x,y,length,height, rectcolor) 来完成这两类矩形了。

我们把整个图形的中心放在画布中央，画笔起始点的位置在左上角。那么，第一个条纹的 x=-length/2，y= length/(1.9*2)，数值上的绝对值分别是长和宽的一半。每个条纹的长度就是国旗的长度（length），高（height）是国旗宽度的 1/13，即 height=length/(1.9*13)，函数的第 5 个参数 rectcolor=(0.698,0.132,0.203)，5 个参数的值都找到了，就可以调用长方形的函数了。

美国国旗中有 7 道红色条纹的函数如下所示。

```
def stripedraw(length):              # 画美国国旗的条纹
                # 美国国旗长、宽比例 1.9 : 1
                # 共 13 道红白相间的条纹，其中有 7 道红色的条纹
    for i in range(7):
            rectangle(-length/2,length/(1.9*2)-2*i*length/
(1.9*13),length,length/(1.9*13),(0.698,0.132,0.203))
```

这里画 7 道红色条纹，需要循环 7 次。但是每次画笔起始位置的纵向坐标是不一样的，两道条纹之间垂直间距占两道条纹的宽度。从上往下画的话，每次画笔起始位置的纵坐标 y 下移 2 *length/(1.9*13)，即：

```
 y= length/(1.9*2)-2*i*length/(1.9*13)
```

i 可以分别取值 0、1、2、3、4、5、6。

这样 7 道红色条纹就画出来了。

美国国旗左上角的蓝色矩形的画笔起始位置和第一道红色条纹的起始位置是一样的，都是 x=-length/2，y= length/(1.9*2)；长度为 2/5 美国国旗长度，即 length*0.4；宽度是 7 道条纹的宽度，即 length*7/(13*1.9)；矩形函数第 5 个参数 rectcolor= (0.234,0.233,0.430)。

于是，左上角蓝色矩形的函数为：

```
def rectangleleftup(length):
# 画美国国旗左上角的小矩形，输入参数为美国国旗的长度
# 矩形宽度是 7 道条纹的宽度，矩形长度为 2/5 美国国旗长度
        rectangle(-length/2,length/(1.9*2),length*0.4,
length*7/(13*1.9),(0.234,0.233,0.430))
```

4.2.5　编程一点通：比较运算

在日常生活中，我们经常会进行是非判断。一件事情是真是假，是对是错有时候非常重要，因为我们会根据判断结果的不同，选择不同的行动。在使用计算机进行编程的时候，也需要对逻辑表达式进行运算，看其是真是假，从而依据判断结果，给出下一步的动作。

程序进行逻辑运算的过程，和数学里进行逻辑运算非常相似。数学里进行逻辑运算的符号，Python里也有对应含义的符号，但有些逻辑运算符号的表达形式，为了计算机键盘操作方便，可能略有区别，如表4-1所示。

表4-1　逻辑运算符号

数学比较符号	Python比较符号	含　义
<	<	小于
>	>	大于
≤	<=	不大于
≥	>=	不小于
=	==	相等
≠	!=	不等于

对于一个数学比较式来说，如15>12是对的，15<12是错的。Python在运行一个数学比较式时，也可以给出对或错（True或False）的判断，如图4-20所示。

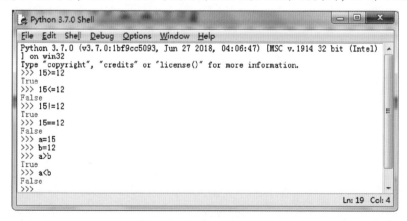

图4-20　Python比较运算

Python对输入的数学比较式进行判断，给出对（True）、错（False）这样的判断结果。例如，15>=12，表示15不小于12，显然是正确的，Python给出的判断结果是 True；15<=12，表示 15 不大于 12，显然是错误的，Python 给出的判断结果是 False；15!==12，表示 15 和 12 不相等，Python 给出的判断结果是 True；15==12，表示 15 和 12 相等，显然是错的，Python 给出的判断结果是 False。

我们分别把 15 和 12 赋予 a 和 b 两个变量，让 a 和 b 这两个变量进行比较，a>b 判断结果是 True，a<b 判断结果是 False。

4.2.6　编程一点通：条件语句

老师对学生说："如果这次考试考好了，我们假期就少留作业。"这句话本身就隐含着一个条件判断的逻辑在里面，翻译成计算机编程软件可以理解的语句，相当于如下所示。

```
如果  考好为真
        少留作业
其他
        多留作业
```

"试考好"就是少留作业的前提条件。也就是说，"如果"后面跟着的是"条件"，条件满足，就执行后面"少留作业"的动作。用 Python 的语法结构表示如下。

```
if   考好 ==true :
        少留作业

else :
        多留作业
```

如果条件分支比较多，不止两个，可以使用 elif 增加条件分支。例如，考好了可以参加综合竞赛；如果才艺足够，就去参加文艺演出；其他的情况待在教室。这里增加了一个条件分支，于是，可以这样表示。

```
if   考好 ==true :
        参加综合竞赛

elif 才艺足够 ==true :
        参加文艺演出

else :
        待在教室
```

使用条件判断语句的时候，要注意冒号（:）的使用和执行语句的缩进，否则程序运行时会出错。

4.2.7　星条旗的白色星星

美国国旗左上角蓝色矩形里的小星星共9行，5行6颗的，4行5颗的。每颗星星的位置和星星的大小都是有规格的。垂直方向上，每行星星中心位置的间距、第一行中心位置到矩形边的距离都是蓝色矩形宽度的1/10；水平方向上，每列星星中心位置的间距都是蓝色矩形宽度的1/6，第1、3、5、7和9行第一颗星星的中心位置离矩形左边1/12，第2、4、6和8行第一颗星星的中心位置离矩形左边1/6。五角星的外接圆直径是0.0616倍的美国国旗宽度。这里提醒一下，五角星的中心位置和我们五角星函数里画笔的起始位置不是一回事；画笔的起始角度，五角星的外接圆直径和五角星函数里的边长不是一回事，需要换算一下。

如图4-21所示，G=H= D /12，E=F=C/10。

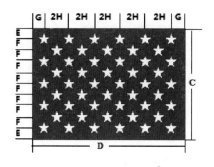

图4-21　白色五角星相对位置规格

知道了以上规则，通过换算，我们开始构造画星条旗上50颗星星的函数，代码如下所示。

```
def StarSpangle(length):
#画左上角的小星星，共9行，5行6颗的，4行5颗的
    w=length/1.9              #长是宽的 1.9 倍
    y=w/2-w*7/(13*10)+0.01*w
        # 小星星画笔 y 的起始位置，需测算
```

```
for i in range(5):          # 画 5 行, 每行有 6 颗星星的
    x=-length/2+length*0.4/12-0.016*length
        # 小星星画笔 x 的起始位置, 需测算
    for j in range(6):      # 每行画 6 颗星星
        star(x,y,0.025*length,'white',-36)
            # 调用 star 函数画五角星, 五角星的边长和起笔角度需要测算
        x+=2*length*0.4/12
            # 移动 x, 移动的大小为小星星的横向间隔

    y-=2*w*7/(13*10)         # 移动 y, 纵向两行星星的行间距


    # 再画 4 行, 每行 5 颗小星星
y=w/2-2*w*7/(13*10)+0.01*w
    # 5 颗一行的小星星画笔 y 的起始位置
for i in range(4):          # 画 4 行
    x=-length/2+2*length*0.4/12-0.03*length/1.9
        # 小星星画笔 x 的起始位置, 需测算
    for j in range(5):      # 每行 5 个
        star(x,y,0.025*length,'white',-36)
            # 画五角星, 五角星的边长和起笔角度需要测算
        x+=2*length*0.4/12
            # 移动 x, 移动的大小为小星星的横向间隔
    y-=2*w*7/(13*10)         # 移动 y, 纵向两行星星的行间距
```

上面的代码保存在 AmericanFlag.py 文件里, 我们把 9 行小星星分成两组, 第一组 5 行小星星, 每行 6 颗; 第二组 4 行小星星, 每行 5 颗。这两组小星星的画笔起始位置是不一样的, 我们分别换算一下。但这两组小星星的间隔距离是相同的, 横向间距是 2*length*0.4/12, 纵向间距是 2*w*7/(13*10)。

为了画每一行小星星, 需要一层循环; 为了画一行中的每一颗小星星, 又需要一层循环。所以每一组都需要来两层循环。内层循环中, 一行所有小星星画笔开始的纵坐标位置 y 是相同的; 不同的是需要通过循环来确定 x, 下一个 x 的位

置要向右移动 2*length*0.4/12。外层循环中，每一组中不同行的第一颗小星星画笔的起始位置的水平位置 x 是相同的；不同的是垂直位置 y，每一次外层的循环，y 的位置要向下方移动 2*w*7/(13*10)。

　　细心的读者可能发现，上面分两组画星星的函数有些啰唆。两组代码里，除了画笔水平方向的起始位置 x 和内层循环的循环次数之外，其余都是相同的。两组代码可否合二为一呢？

　　回答是肯定的，但需要引入新的语句：条件判断语句，即如果条件为真执行一段代码；条件为假，则执行另外一段代码。使用这样的语句，就可以在一个逻辑里，把上述两组代码的活都做了。

```
if   条件：
     条件为真，执行一段代码
else：
     条件为假，执行另外一段代码
```

　　这样，画第 1、3、5、7 和 9 行的小星星和第 2、4、6 和 8 行的小星星不同的地方，分别放在 if 条件为真的执行代码块和条件为假的执行代码块，其余相同的地方可以共用。在 AmericanFlagif.py 里我们给出的 StarSpangle(length) 函数，就是使用的 if 条件语句，使得这个函数在整体上又简洁了不少。

```
def StarSpangle(length):
#画左上角的小星，共9行，5行6颗的，4行5颗的
    w=length/1.9                  # 长是宽的 1.9 倍
    y=w/2-w*7/(13*10)+0.01*w      # 小星星 y 的起始位置
    for i in range(9):            # 画 9 行，引入条件判断语句
        # i%2 为 0 的时候，画 5 行，每行循环 6 次
        # i%2 为 1 的时候，画 4 行，每行循环 5 次，x 要往右移动一个单位

        if i%2==0:
            x=-length/2+length*0.4/12-0.016*length
                                  # i%2 为 0 时，x 的位置
            n=6                   # i%2 为 0 时，内层循环要循环的次数
```

111

```
else:
    x=-length/2+2*length*0.4/12-0.03*length/1.9
    # i%2 为 1 时，x 的位置要往右移动一个单位
    n=5             # i%2 为 1 时，内层循环要循环的次数

    for j in range(n):      # 每行画 n 个星星
        star(x,y,0.025*length,'white',-36) # 画五角星
        x+=2*length*0.4/12 # 每个小星星的横向间隔

    y-=w*7/(13*10)              # 纵向每行星星的行间距
```

上述代码中，5 行 6 颗小星星和 4 行 5 颗小星星，合在一起共 9 行，作为外层的循环体的循环次数。在外层循环体里，引入 if…else…条件执行语句。

这里外层循环体的 i 从 0~8 取值，i 除 2 取余有两种情况：0、1。用 i%2 区分第 1、3、5、7、9 行的小星星和第 2、4、6、8 行的小星星。i%2 为 0 的时候，画 5 行，每行画 6 颗，每行循环 6 次;i%2 为 1 的时候，画 4 行，每行循环 5 次，每行画 5 颗，x 要往右移动一个间隔单位。

这时我们设计一个美国国旗的函数，包括红色条纹、左上角蓝色矩形和 50 颗星星 3 个部分，代码如下所示。

```
def americanflag(length):          # 设计一个美国国旗的函数
# 美国国旗由 7 道红色条纹、左上角的蓝色矩形和 50 颗白星组成
    t.speed(10)
    stripedraw(length)             # 调用画条纹的函数
    rectangleleftup(length)        # 调用画蓝色矩形的函数
    StarSpangle(length)            # 调用画 50 颗星星的函数
    t.hideturtle()                 # 隐藏画笔形状
    t.done()                       # 完成绘图
```

最后，可以用一行代码来画一面长为 500 像素的美国国旗。

```
americanflag(500)
```

运行结果如图 4-22 所示。

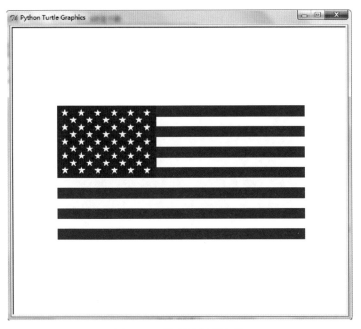

图 4-22　调用美国星条旗

4.2.8　说大就大，说小就小

孙悟空的金箍棒，说大就大，说小就小。很多人喜欢这种说了就管用的感觉。我们前面设计了五星红旗和星条旗的函数，国旗的大小是可以设置的。但是，如何实现让当前的国旗说大就大，说小就小呢？

把下面的代码保存在 fivestarredflagadaptive.py 文件里。

```
ilength=300              # 初始国旗大小
steps=100                # 变大变小的步长，每次变大多少或者变小多少


for n in range(8):             # 可以玩 8 次
    fivestarsredflag(ilength)  # 调用国旗函数
    choice= input("你要'大'，还是'小'？\n")
                               # 等待用户输入命令，大还是小
    t.setheading(0)            # 初始化画笔角度，避免下次生成
                               # 图形时，画笔角度有问题
    t.clear()                  # 清空前面的画
```

```
    if choice==" 大 ":              # 如果选择再大一些
        ilength+=steps              # 国旗的长度增加 100 像素
    elif choice==" 小 ":            # 如果选择再小一些
        ilength-=steps              # 国旗的长度减少 100 像素
    else:                          # 其他输入
        print(" 输入错误 ")         # 提示用户输入错误
t.done()                           # 退出 turtle
```

在程序开始的时候，需要设置一些初始变量的值，如首个国旗的长度，ilength=300，以及每次增大或者缩小的步长 steps，这里的步长为 100 像素。在 for 的循环体中，我们使用了 if 条件判断语句，但是 if 条件判断语句和前面接触的不一样，它增加了 elif 语句。当需要检查多个条件的时候，需要 elif，格式如下所示。

```
if   条件1:
    条件1为真，执行一段代码
elif 条件2:
    条件2为真，执行一段代码
else:
    其他情况，执行这段代码
```

我们再看循环体中的条件执行语句，有 3 种情况。

（1）如果用户输入了"大"，那么国旗的长度要增加 100 像素。

```
if choice==" 大 ":              # 如果选择大一些
    ilength+=steps
```

（2）如果用户输入了"小"，那么国旗的长度要减少 100 像素。

```
elif choice==" 小 ":            # 如果选择再小一些
    ilength-=steps
```

（3）如果用户输入了其他内容，提示用户输入错误。

```
else:                          # 其他输入
    print(" 输入错误 ")
```

当然可以使用 elif 再增加更多的条件判断。

在循环体中，可以调用国旗函数。前面定义好的五星红旗函数为

fivestarsredflag(ilength)；当然，如果导入了星条旗的子函数，也可以使用americanflag(ilength) 来生成星条旗。

然后要和用户交互，要让用户选择要大一些，还是小一些。"\n" 是按回车键移到下一行的意思。

```
choice= input("你要'大'，还是'小'? \n")
```

每次画新图之前，一定要记住用 setheading(0) 初始化画笔角度，避免生成下一个图形时，画笔角度有问题，从而导致图形异常。同时，用 clear() 函数清空当前的图形可避免下次图形与这次重叠。

运行 fivestarredflagadaptive.py 生成一个图形后，程序会在 IDLE 中询问"你要大，还是小"，输入选择后，程序就会在画布中按照你的命令来执行了，如图 4-23 所示。

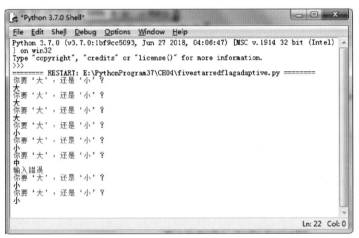

图 4-23　说大就大，说小就小的用户交互界面

4.2.9　调用自定义的国旗模块

我们已经画了中国的五星红旗和美国的星条旗，大小可以自定义，但位置不可以随意指定，图形中心都在画布的中央。

本节将设置更灵活的国旗模块以供调用，加一个自定义的维度，国旗中央的位置可以自定义。这就需要在相应的函数参数中加图形中心的位置信息。

例如，五星红旗的函数就变成：

```
def fivestarsredflag(length, dx, dy)
```

星条旗的函数就变成：

```
def americanflag(length, dx, dy):
```

在 fivestarsredflag(length,dx,dy) 函数里，我们在调用画矩形和画星星的函数时，（x,y）在赋值时要考虑位移参数 dx 和 dy 的影响，如图 4-24 所示。五星红旗函数中，其他部分的代码是不需要变化的。

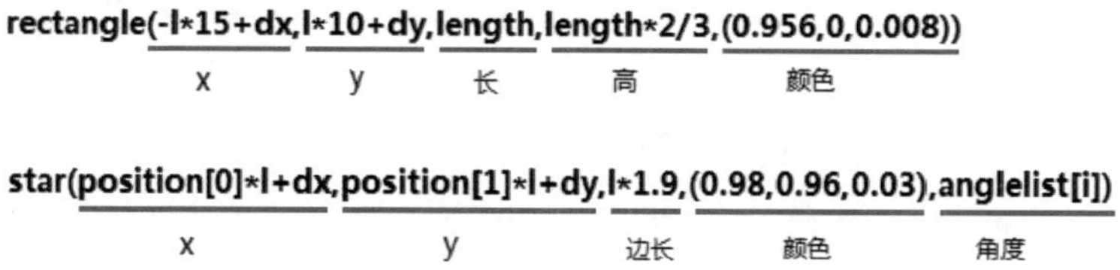

rectangle(-l*15+dx,l*10+dy,length,length*2/3,(0.956,0,0.008))
　　　　　　x　　　　　y　　　　　长　　　高　　　　颜色

star(position[0]*l+dx,position[1]*l+dy,l*1.9,(0.98,0.96,0.03),anglelist[i])
　　　　　x　　　　　　　　y　　　　　　　边长　　　颜色　　　　角度

图 4-24　在五星红旗函数中加入位移

americanflag(length,dx,dy) 函数中调用了另外 3 个子函数：stripedraw(length,dx,dy)，rectangleleftup(length,dx,dy)，StarSpangle(length,dx,dy)。在这里，必须把位移参数 dx 和 dy 传递过去。

在 stripedraw(length,dx,dy) 和 rectangleleftup(length,dx,dy) 调用矩形函数 rectangle() 时，（x，y）在赋值时，要考虑位移参数 dx 和 dy 的影响。

StarSpangle(length,dx,dy) 在调用 star() 函数时，也要考虑 dx 和 dy 的影响。

把以上所有的函数放在 nationFlags.py 文件里，然后将它放在 Python 安装目录的 Lib 子目录下。

为了验证我们的国旗库是否可正常使用，编写 callnationFlags.py 文件，写入下列代码：

```
from nationFlags import*          # 导入自定义国旗库
import turtle                     # 导入 turtle 库


for i in range(3):               # 循环 3 次
    fivestarsredflag(200,-150,200-200*i)
    # 在指定位置画指定大小的五星红旗
    americanflag(200,150,200-200*i)
    # 在指定位置画指定大小的星条旗
turtle.done()                    # 图形画完
```

　　这段代码逻辑比较简单。第一句是使用 from nationFlags import * 导入自定义的国旗库；然后使用 for 循环语句，在左边画 3 面长为 200 像素的五星红旗，在右边画 3 面长为 200 像素的星条旗。五星红旗的中心位置水平方向，向左移动 150 像素；星条旗的中心位置水平方向，向右移动 150 像素。中心位置垂直方向的位移用 200-200*i 生成。从 0、1、2 中取值，每个 i 值对应一个垂直方向的位移。

　　运行 callnationFlags.py，结果如图 4-25 所示。

图 4-25　使用自定义函数生成五星红旗和星条旗

5 ➡

编程数学

让 Python 做数学题

我们已经学习了使用 turtle 绘制多种漂亮图形的方法。编写程序经常会计算一些数学问题，如画图的位置在什么地方，画笔的角度是多少，图形的大小是多少等。因此在本章有必要补充一些用 Python 解决数学问题的基础知识，如图 5-1 所示。

本章我们将学会

（1）如何用循环实现从 1、2、3 加到 100。

（2）编程知识：while 循环的使用。

（3）编程知识：数学运算表达式。

（4）range() 函数的范围测试。

（5）实现用户定制起止点的自然数连加。

（6）熟练掌握 Python 的数学运算的表达方式。

（7）能够编写求圆的周长和面积的函数。

（8）能够使用 math 库的常见函数。

（9）能够使用双层循环输出乘法口诀表。

（10）能够理解求和问题的逻辑。

（11）能够调用自定义函数找素数和完数。

图 5-1　用 Python 做数学题

任何优秀的大软件里面都是一个个优秀的小程序。

——Charles Antony Richard Hoare

电小白："前面在画正五角星的时候，发现一个问题，正五角星的边长和它的外接圆直径不是一回事啊？"

清青老师："那当然不是一回事了。但二者还是有一定数学关系的。"

电小白："有什么样的关系呢？"

清青老师："学过几何的人就会知道。不过二者的数学关系人工算起来还是比较困难的，可是用 Python 做就不困难了。"

电小白："Python 也会做数学题？"

清青老师："当然了。Python 做题不怕计算量大，不怕重复次数多，就怕计算逻辑不清楚。"

电小白："这么神奇？赶快让 Python 做题吧！以后老师布置的数学题，我就可以请 Python 帮忙了！"

清青老师："这可不能一概而论啊！人脑和电脑的强项不一样啊。你让电脑做题之前，首先得编程序！"

5.1 高斯问题

计算从 1 加 2 加 3 一直加到 100 的和，在今天来说，会比较简单。因为很多人知道，把 1、2、3……分别和 100、99、98 结对子相加，就得到 50 个 101，最后轻易就算出从 1 加到 100 的和是 5050。大家知道这个算法最早是谁想出来的吗？是德国的数学家高斯，在 200 多年前就提出来了。

高斯八岁时，在一所乡村小学读书。一天，教他数学的老师出了一道题："你们今天替我算从 1 加 2 加 3 一直到 100 的和。谁算不出来就打板子（见图 5-2）。"

图 5-2　高斯问题

正在教室里的小朋友们拿起石板开始计算"1 加 2 等于 3，3 加 3 等于 6，6 加 4 等于 10……"的时候，小高斯拿起了他的石板走上前去："老师，答案是不是这样？"

数学老师一看石板上整整齐齐写了这个数：5050。他惊奇起来。这个 8 岁的小鬼，怎么这么快就得到了这个数值呢？是不是从哪里抄来的？

高斯解释道："把 1 和 100 加起来是 101，2 和 99 加起来也是 101，以此类推，就得到 50 个 101，最后轻易就算出从 1 加到 100 的和是 5050 了。"

5.1.1　从 1 加到 100

用计算机来算这道题根本就不用结对子，需要的只是把程序的逻辑理顺。重复有规律的事情，最擅长完成这样工作的程序结构就是循环。大家思考一下，计算从 1 加 2 加 3 一直加到 100 的和，其中不断重复的规律是什么？可能有人想到了，就是下一次循环的加数，比上一次大 1，这样的数一共 100 个。

我们想到了用 for 循环。但是先需要明白，怎么产生 1，2，3，…，100 的。大家肯定想到了前面用过的 range() 函数，range(4) 就是循环 4 次，不涉及 range(4) 到底是哪些数。range(4) 是 [0,1,2,3] 的序列，不包括 4。大家可以在 Python 的 IDLE 上测试一下，如图 5-3 所示，range(100) 是 0,1,2,3,…,99 这 100 个数，range(1,100) 是 1,2,3,…,99 这 99 个数，只有 range(1,101) 才是 1,2,3,…,99,100

这 100 个数。把 range(1,101) 这里的数加起来便可，那么怎么加呢?

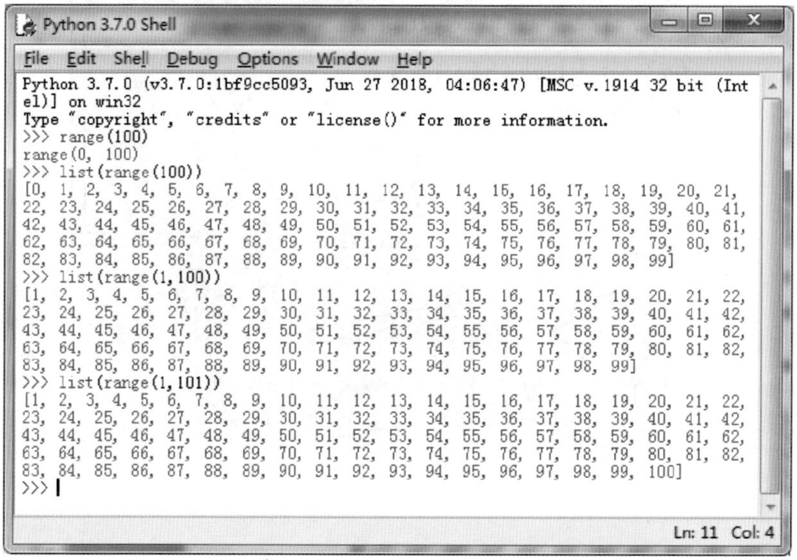

图 5-3　range() 函数的数字序列范围

构造一个循环，让 i 把 range(1,101) 里的数取出来，累加在一个变量 sum 里便可。把下面的代码保存在 gauseforoneto100.py 文件里，然后运行，在 IDLE 里将得到 5050。

```
sum=0                      # 保存和的变量，初始值赋予 0
for i in range(1,101):     # for 循环，100 次，i 分别取 1~100
    sum+=i                 # i 每取一个值，作为加数加到变量 sum 里
print("the sum is",sum)    # 在 IDLE 屏幕上输出 sum 的结果
```

这里 sum 就是一个存储自然数的变量。由 3.2.2 节可知，变量就是在程序运行过程中计算机存放数据的地方。变量可以存放的数据有很多类型。这里是自然数，3.2.4 节还接触过字符串，还可以是句子、数字序列等。

给一个变量赋值的符号是等于号（＝）。sum=0，意思就是把 0 这个值赋予 sum 这个变量暂时保存起来。接下来 sum+=i，意思就是把 i 的值和 sum 里保存的值相加，再赋予 sum 这个变量，再暂时保存起来。如此循环 100 次，sum 里保存的数值就是我们要的和。以上的计算，Python 不需要导入任何库就可以完成。

这段程序运行后直接给出最终结果。如果想了解每一次循环的 i 和 sum 的中间过程，可以在循环体里加 print 语句，如 GauseSumfor.py 的程序内容。

```
sum=0                              # 保存和的变量，初始值赋予 0

for i in range(1,101):            # for 循环 100 次，i 分别取 1~100
    sum+=i                         # i 每取一个值，作为加数加到变量 sum 里
    print(i,sum)                   # 输出这次循环中 i 的值和 sum 的值
print("the sum is",sum)           # 在 IDLE 屏幕上输出 sum 的结果
```

这段程序运行的结果如图 5-4 所示。

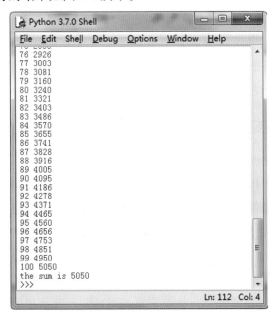

图 5-4　打印中间过程

5.1.2　编程一点通：while 循环

第 3 章讲过 for 循环的终止条件为循环体重复执行多少次。还有一种循环的终止条件是循环体重复执行到某个条件满足或某个条件不再满足为止。

满足一定条件的情况下，始终执行循环语句；不满足这个条件，就退出循环，这就是 while 循环。while 循环体的代码也是使用缩进格式来标识的，如下所示。

```
while 条件：
（执行条件：某一条件为真；终止条件：某一条件为假）
    循环体
```

大家想一下，从 1 加到 100 使用 while 循环是否可以呢？当然可以了。

```
sum=0                          # 赋 sum 初始值
i=1                            # 赋 i 初始值
while i<=100:                  # i 值小于等于 100 时，执行循环
    sum+=i                     # 累加
    print(i,sum)              # 打印过程数据
    i+=1                       # i 值加 1
print ("the sum is",sum)       # 打印最终结果
```

这里和 for 循环实现的功能完全一样，运行结果完全一样。不同的是 while i<=100: 仅做了判断条件真假的事情。i 值在这句话中并没有变化，真正实现 i 值加 1 的语句在 i+=1 这里。

5.1.3　起止点的变化

有人说，让 Python 程序从 1 加到 100，有些大材小用了。因为算这个，人脑就够用，用不着专门编段程序。但是要是任意给个起点和结束点，把起止点及中间的数加起来，人脑就不够用了。这个时候，就必须要编程序了。

我们在设计这个程序的时候需要增加一些交互性。需要用户在 IDLE 中告诉程序从哪个自然数加到哪个自然数，然后程序告诉用户结果是多少。

交互性的程序语句，我们在 3.2.4 节的可交互的正多边形里用到过，用法完全一样，只不过，这里需要输入的是高斯问题的起始和结尾的自然数。

```
startnum=eval(input(" 请输入连加的起始自然数？\n "))
endnum=eval(input(" 请输入连加的结尾自然数？\n "))
```

有了这个起始和结尾的数字，我们就可以设计循环体了。把如下代码保存在 GauseSumforpinteractive.py 文件里。

```
sum=0                          # sum 初始值为 0

startnum=eval(input(" 请输入连加的起始自然数？\n"))
                               # 请用户输入起始值
endnum=eval(input(" 请输入连加的结尾自然数？\n"))
                               # 请用户输入结尾值
```

```
for i in range(startnum,endnum+1):      # 开始循环
    sum+=i                              # 实现累加
    print (i,sum)                       # 输出过程数据
print ("the sum is",sum)                # 输出最终结果
```

我们发现这段代码的循环体和前面代码的区别仅仅是 range() 的范围指定不再是 1、101 这样确定的数字，而是 startnum、endnum+1 这样的变量。这两个变量保存着用户在 IDLE 中输入的数字。

编完程序后，首先运行一下看是否正确。可以用我们熟悉的 1、101 这两个数来测试，看结果是否正确。这里还让 Python 计算了从 100 加到 110，共 11 个数，运行结果如图 5-5 所示。

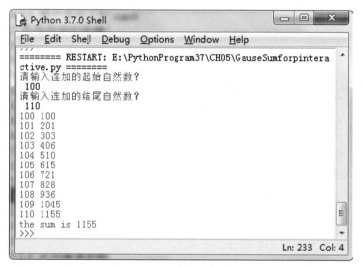

图 5-5　测试可交互的程序

5.2　使用 math 库

在 Python 中做数学题，并不需要全部从头开始编程，math 库中有很多数学

函数，如图 5-6 所示，可以帮助我们简化编程过程。

图 5-6　math 库

5.2.1　编程一点通：数学运算表达式

我们在前面已经使用了很多数学运算，包括加（+）、减（-）、乘（*）、除（\）和括号等。

我们可以直接在 Python 的 IDLE 中进行数学运算。例如，已知星条旗的长为 600 像素，宽就是 600/1.9 像素；五星红旗的长为 600 像素，宽就是 600*2/3 像素；前面星条旗上第二道红色条纹的画笔起始位置的 y 坐标就是 600/(1.9*2)-2*600/(1.9*13)。运算结果如图 5-7 所示。

```
Python 3.7.0 Shell
File  Edit  Shell  Debug  Options  Window  Help
Python 3.7.0 (v3.7.0:1bf9cc5093, Jun 27 2018, 04:06:47) [MSC v.1914 32 bit (I
ntel)] on win32
Type "copyright", "credits" or "license()" for more information.
>>> 600/1.9
315.7894736842105
>>> 600*2/3
400.0
>>> 600/(1.9*2)-2*600/(1.9*13)
109.31174089068826
>>>
                                                              Ln: 9  Col: 4
```

图 5-7　在 Python 的 IDLE 中进行数学运算

我们也可以在 IDLE 中使用变量。先给变量赋一个值，然后这个变量就可以在后续的运算中直接使用了。例如，设国旗长度的变量为 length，那么星条旗的宽就是 length/1.9，五星红旗的宽就是 length*2/3。星条旗上第二行红色条纹的画笔起始位置的 y 坐标就是 length/(1.9*2)-2*length/(1.9*13)。使用变量在 IDLE 中进行数学运算，如图 5-8 所示。

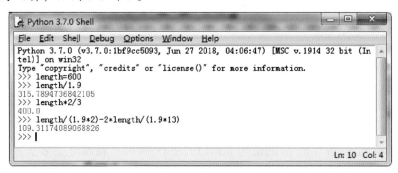

图 5-8　在 IDLE 中使用变量进行数学运算

5.2.2　圆的周长和面积

数学课本告诉我们，圆的周长是 $2\pi R$，面积是 πR^2。给定一个圆的半径 R 的值，就可以算出它的周长和面积。数学课本中 π 取的是 3.14。于是在 Python 的 IDLE 里就可以计算圆的周长和面积了，如图 5-9 所示。

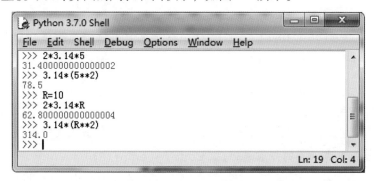

图 5-9　在 IDLE 中计算圆的周长和面积

上面 π 取的值是 3.14，但是在程序中，如果突然出现一个 3.14，其他阅读程序的人会比较迷茫，而且 3.14 也只是保留两位小数的近似的圆周率而已，精确度不一定够。

使用 math 库是编程人员常使用的解决办法。在 math 库中，π 的表示方法就是 pi，上面计算圆的周长和面积的方法就可以变为如图 5-10 所示。

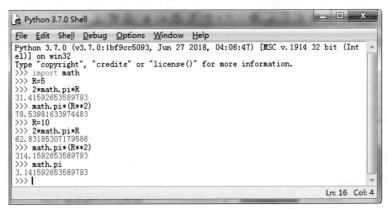

图 5-10　使用 math 库计算圆的周长和面积

我们看到 math 库的 pi 的值为 3.141592653589793，精确度高多了。

接下来，把计算圆的周长和面积的方法分别做成一个函数，然后调用这些函数，形成一个可与用户交互的程序，保存在 CircleAreaCircumference.py 文件中。

```python
from math  import *            # 导入 math 库


def circumference(radius):     # 计算圆的周长
    return 2*pi*radius         # 返回圆的周长


def area(radius):              # 计算圆的面积
    return pi*(radius**2)      # 返回圆的面积


R = eval(input("请输入圆的半径? \n "))
                               # 请用户输入圆的半径
print("这个圆的周长是 ",circumference(R))
                               # 在 IDLE 中打印圆的周长
print ("这个圆的面积是 ",area(R))# 在 IDLE 中打印圆的面积
```

在这个程序中，定义了两个计算关于圆的函数，一个是计算圆的周长 circumference(radius)，另一个是计算圆的面积 area(radius)。

和以往函数不同的是，这里由 return 语句返回一个数值。也就是说，以往的

函数是过程函数，完成一定的任务便可，不需要返回任何数值。而这里不管过程，需要的是把计算结果返回给主程序。

把用户输入的圆的半径值赋予 R 后，可以直接使用 print 把 circumference(R) 和 area(R) 的值打印出来。

运行 CircleAreaCircumference.py，结果如图 5-11 所示。

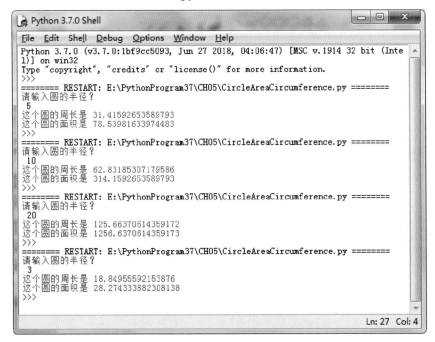

图 5-11　调用函数计算圆的周长和面积

5.2.3　正五角星的数量关系

给定了正五角星外接圆的半径 r，便可以知道用 turtle 画图时的边长 AB 或者 AC；知道了正五角星外接圆的圆心位置、半径和∠A 的大小，便可以知道正五角星各个顶点的位置，如图 5-12 所示。这里面的几何对应关系，我们在数学课中都会学到，这里就不详细讲述了，直接给出以下结果：AB=2*r*cos18°。

假设圆心 O 点的坐标在原点（0，0），那么 A 点的坐标是 (-r*cos18°，r*sin18°)。

这里涉及三角函数，有的读者还没有学到这块数学知识。这没关系，因为需要学会的是如何用编程的方法解决问题。不要去花时间理解三角函数，我们不研究理论，而是研究应用。也就是说，给定公式，使其能够翻译成编程语言。

这里直接调用 Python 里 math 库的相应函数便可。

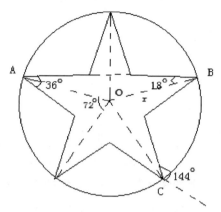

图 5-12　正五角星及其外接圆之间的关系

现在编写一个程序，用户给出正五角星外接圆的半径。假定圆心在（0，0）位置，AB 平行于水平轴的时候，程序输出边长 AB 和 A 点的坐标。

```
from math  import *              # 导入 math 库


def pentalateral(radius):        # 计算正五角星 AB 的长度
    return 2*radius*cos(18*pi/180)
    #cos() 函数里的角度是弧度值，需要把 18°转换成弧度值
def Apointlocation(radius):      # 计算 A 点位置
    return [-radius*cos(18*pi/180),radius*sin(18*pi/180)]
                                 # 返回 A 点的位置
r = eval(input(" 请输入正五角星外接圆的半径？ \n "))
                                 # 请用户输入圆的半径
print (" 正五角星 AB 长为 ",pentalateral(r))
                                 # 在 IDLE 中打印正五角星 AB 的长度
print( " 正五角星 A 的坐标为 ",Apointlocation(r))
                                 # 在 IDLE 中打印 A 点的坐标
```

把这段程序保存在 pentagramAlg.py 文件里，程序的结构和前面的计算圆的周长、面积的程序结构相似。有以下两点需要说明。

（1）这里面调用了 math 库的 cos()、sin() 函数，但是 cos()、sin() 函数计算

的是弧度值。角度值乘以 π/180 就可以变换成弧度值。

（2）Apointlocation(radius) 返回的不是一个数字，而是一个坐标，即有两个值 [x,y]。这里 x=-radius*cos(18*pi/180)，y= radius*sin(18*pi/180)。

运行 pentagramAlg.py，如图 5-13 所示。

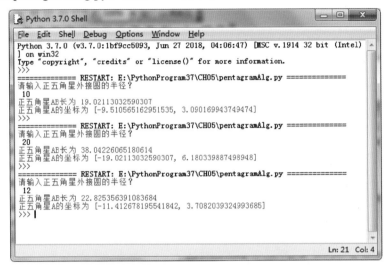

图 5-13　正五角星边长和坐标的运算示例

5.3　常见的数学问题

用程序来解决数学问题，重要的不再是数学运算，因为数学运算本身，计算机最为擅长。重要的是逻辑和算法，也就是说如何把一个数学问题，转换成按照一定流程执行的条件判断语句、循环语句、顺序执行语句。

5.3.1　乘法口诀

九九乘法口诀，大家耳熟能详。现在的任务是用程序输出九九乘法表。大家思考一下，九九乘法表需要几层循环？一定有两层循环，一层是被乘数从 1~9，另一层是乘数从 1~i。

从 1~9 的 9 个数是 range(1,10)，从 1~i 的 i 个数是 range(1,i+1)。输出九九乘法表的程序保存在 multiplicationtables.py 文件中，代码如下所示。

```
print(" 九九乘法表 ")                          # 打印表头
print('------------------------')             # 打印分割线
for i in range(1,10):                         # 被乘数从 1~9
    for j in range(1,i+1):                    # 乘数从 1~i
        print('%d*%d=%2d'%(i,j ,i*j),end ='') # 输出 i*j
    print('  ')                               # 空一行
print('------------------------')             # 打印分割线
```

运行结果如图 5-14 所示。

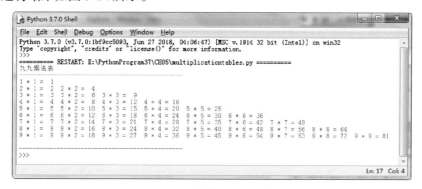

图 5-14　输出九九乘法表

5.3.2　求和问题

求 z=a+aa+aaa+aaaa+aa...a 的值，其中 a 是一个数字，如 3+33+333+3333+33333+333333。此时 a 为 3，共有 6 个数相加。数字 a 及一共有几个数相加由用户在 IDLE 界面中输入。

设计一个 summation() 函数，输入变量是数字 a 和需要多少个数相加的 n。在这个函数里面，a、aa、aaa 这些基本数由变量 basic 来保存，前几个数的求和保存在变量 sum 里，最终算出结果 z 来。

在进入循环体之前，需要给变量赋初始值。进入循环后，用一个 print 语句把每次循环给 i、basic 和 sum 变量赋的值打印出来，便于查看程序执行过程中可能出现的问题。等程序测试通过后，可以把这句话注释掉。

```
def summation(a,n):          # 设计一个函数，输入参数是数字 a
                             # 和 n。其中 n 表示多少个数相加
    sum=0                    # 求和的变量，初始值
    basic=0                 # 每个数的变量，初始值

    for i in range(0,n):    # 开始 n 次循环，从 0 到 n-1
        basic = basic*10+a  # 生成单个数
        sum+=basic          # 生成前面几个数的和
        print (i,basic,sum) # 本次循环的变量检测，便于程序测试
    return sum              # 返回和

a = int(input("请输入一个个位数字 a:"))          # 请用户输入 a
n= int(input("请输入最长多少个这样的数 :"))       # 请用户输入 n

print ("这几个数的和为：\n",summation(a,n))   # 打印过程及求和
```

把上述代码保存在 summation.py 文件中，然后运行，结果如图 5-15 所示。

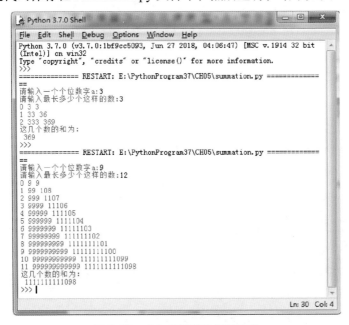

图 5-15　求和问题程序运行结果

5.3.3　找素数问题

素数，也叫质数，是除了 1 和它本身之外，不能被其他数整除的自然数。素数在数论的研究里占有很重要的地位。

人工去找素数，在数字大的时候，困难也是比较大的。但是借助于计算机编程找素数，则是非常容易的事情。对正整数 n 来说，如果用 $2\sim\sqrt{n}$ 之间的所有整数去除，均无法整除，那么这个正整数 n 就是素数。

is_prime(n) 是一个判断正整数是否为素数的函数。如果 n 除以 $2\sim\sqrt{n}$ 之间任何一个数余数为 0（n % i == 0），那么这个数就是合数。否则，就是素数。

然后，定义一个找素数的函数 findprime(startnum,endnum)，输入起始和结束的范围，就可以把这个范围内所有的素数都找出来，当然调用了定义好的判断数字是否为素数的 is_prime(n) 函数。

把下面的代码保存在 FindPrime.py 文件里。

```python
from math import sqrt        # 需要用到开根号，导入 sqrt 函数
def is_prime(n):            # 定义一个判断正整数是否为素数的函数
    if n == 1:             # 1 既不是素数，也不是合数
        return False
    for i in range(2, int(sqrt(n))+1):
                           # 从 2 开始，到根号取整再加 1
        if n % i == 0:     # 有一个整数除 n 余数为 0，即能整除，
                           # 便是合数
            return False
    return True            # 没有找到可以整除 n 的数，便是质数

def findprime(startnum,endnum):
# 定义一个找素数的函数，输入起始和结束的范围

    for j in range(startnum,endnum+1):
# 在这个范围内调用 is_prime() 函数
        if is_prime(j)==True:  # 如果是素数，打印这个数
```

```
            print (j)


a = int(input("查找素数,请输入一个起始范围a:"))
                            # 请用户输入起始范围
b = int(input("查找素数,请输入一个结束范围b:"))
                            # 请用户输入结束范围


findprime(a,b)                     # 调用 findprime 函数
```

运行 FindPrime.py,结果如图 5-16 所示。

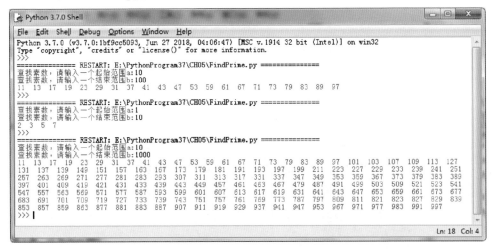

图 5-16　运行找素数序

5.3.4　找完数问题

完数(perfect number)又称完美数或完备数,特点是除了自身以外的所有约数之和,恰好等于它本身。例如,自然数 6 除了它本身之外的约数有 1、2、3,而这 3 个数字之和正好也是 6。下面就编写一个找完数的程序。

思路可以仿照找素数的程序,先定义判断一个正整数是否为完数的函数 is_perfect(n),然后定义一个在一定范围找完数的函数 findperfect(startnum,endnum),最后在主程序中调用。

代码保存在 FindPerfectfor.py 文件中，如下所示。

```python
from math import *          # 需要用到向上取整，导入 math 库
def is_perfect(n):          # 定义一个判断正整数是否为完数的函数
    if n == 1:              #1 不是完数
        return False
    sum=1                   #sum 赋初值 1
    for i in range(2,int(ceil(n/2)+1)):# 从 2 开始，到 n/2 去除 n
        if n % i == 0:      # 有一个整数除 n 余数为 0，就是 n 的约数
            sum += i        # 约数求和
    if sum == n:            # 约数之和是 n，就是完数
        return True
    else:
        return False
def findperfect(startnum,endnum):
                # 定义一个找完数的函数，输入起始和结束的范围
    for j in range(startnum,endnum+1):
                # 在这个范围调用 is_prime() 函数
        if is_perfect(j)==True:# 如果是完数，打印这个数
            print (j)
a = int(input(" 查找完数，请输入一个起始范围 a:"))
                            # 请用户输入起始范围
b = int(input(" 查找完数，请输入一个结束范围 b:"))
                            # 请用户输入结束范围
findperfect(a,b)            # 调用 findperfect 函数
```

需要说明的是，is_perfect(n) 的 range() 范围不能是只到 $\sqrt{n}$。因为要求所有约数的和，如果只找到 $\sqrt{n}$，就会少了一部分约数，致使判断不准。range() 查找的范围必须到 n/2+1 的向上取整的范围。

运行 FindPerfectfor.py，结果如图 5-17 所示。

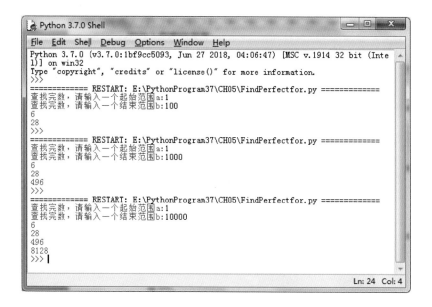

图 5-17 找完数程序运行结果

6

网络爬虫

从网络爬取信息

　　在网上经常会发现一些有用的信息，我们想把它获取下来使用。可是如果网上的信息量很大，且经常变化，这样靠手工来完成获取网上数据的工作显然是非常困难的事情。本章将给大家讲解如何用 Python 编程的方式获取网上的信息，如图 6-1 所示。

本章我们将学会

（1）使用 urllib 获取网络资源。

（2）使用 urlopen().read() 保存读取的网络信息。

（3）编程知识：Python 的字典及其使用方法。

（4）编程知识：字符串的使用方法。

（5）JSON 格式字符串转换成字典的方法。

（6）从字典中获取相应数据的方法。

（7）双层字典的取数方法。

（8）从天气网中爬取信息，输出到 IDLE。

图 6-1　网络爬虫

抽象化是一种不同于模糊化的东西……抽象的目的并不是为了模糊，而是为了创造出一种能让我们做到百分百精确的新语义。

——Edsger Dijkstra

电小白："我看有些人可以通过程序搜索网络上对自己有用的信息。"

清青老师："有一种网络爬虫技术，是百度、Google 等用来搜索网络信息的重要技术，可以将互联网上的网页数据下载到本地。"

电小白："我也想学这种技术，可以下载自己喜欢的图片和文章。"

清青老师："网络爬虫技术是一个比较复杂的技术，我们先从获取网上一些简单的信息开始吧。"

电小白："好吧。我们先从初级爬虫做起吧。"

6.1 获取网络信息

6.1.1 打开一个网页

如何通过 Python 程序打开并下载某一个网页的数据呢？ Python 有一个用来获取网络资源的模块，叫作 urllib。

举例来说，打开 IE 浏览器，在浏览器的地址栏输入一个网址，如图 6-2 所示，输入的是搜狐的网址 www.sohu.com。这个网址也叫网页链接，IE 浏览器根据这个链接从搜狐网站上获取了一些数据，然后把内容展现在页面上，这就是浏览网页的过程。

urllib 这个模块类似于浏览器的功能。它可以根据提供的网址或网页链接，去相应的服务器上请求对应的内容。这项工作的完成需要依靠 urllib 模块里的urlopen() 函数，要把网址或网页链接加入括号中。

urlopen(' http://www.sohu.com/') 就相当于在浏览器的地址栏把搜狐网页的网址输入进去。

图 6-2 用浏览器打开网页

把下面的代码保存在 opensohu.py 文件里，它可以把 urlopen() 打开的内容打印在 IDLE 屏幕上。

```
import urllib.request    # 导入获取网络资源的模块

web = urllib.request.urlopen(
        'http://www.sohu.com/',timeout=15)
# 像浏览器一样请求搜狐首页的内容，把相应的内容赋值给 web
content = web.read().decode('utf-8')
# 把 web 变量里的内容解码后保存在 content 里
print (content)            # 输出在屏幕上
```

运行这段代码，得到如图 6-3 所示的结果。

在 Python 的 IDLE 中看到了搜狐首页的网页源码。这段代码中有 HTML，有 CSS，还有 JavaScript。在 IE 浏览器中看到的网页大部分都是由这些代码生成的。

图 6-3　搜狐首页的 Web 源码

6.1.2　天气数据的获取

中国天气网（www.weather.com.cn）提供的天气查询接口如图 6-4 所示，输入一个城市的名称，就会告诉你这个城市现在的天气情况。

图 6-4　中国天气网

我们现在要编的程序和要做的事情，就是按照用户输入的城市名称，去天气网的接口请求对应的天气信息，然后把天气查询的结果展示给用户。

第一个问题是，通过程序如何获取一个城市的天气数据呢？换句话说，天气网的天气接口信息在什么链接里。

在浏览器中输入网址 http://www.weather.com.cn/data/cityinfo/101010100.html。这时就能看到北京现在的天气，如图 6-5 所示。我们注意到，101010100.html 代表的是北京的页面。如果把这一串数字改成 101020100，出来的就是上海的天气。

图 6-5　通过浏览器查询北京天气

我们把刚才查北京天气的网址放在 urlopen() 函数里，然后用 print 语句就可以显示在 Python 的 IDLE 里了。将下面这段代码保存在 openBeijingWeather.py 文件里。

```
import urllib.request      # 导入获取网络资源的模块
web = urllib.request.urlopen(
     'http://www.weather.com.cn/'
     'data/cityinfo/101010100.html',
      timeout=15)          # 像浏览器一样请求北京天气信息，把相
                           # 应的内容赋值给 web
print (web.read().decode('utf-8'))
                           # 把 web 变量里的内容
                           # 打印在 IDLE 屏幕上
```

运行这段代码，结果如图 6-6 所示。从输出结果看，这是按照一定格式组织的信息，这种格式称为 JSON。

143

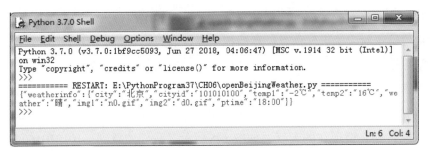

图 6-6　查询北京天气结果

6.2　天气预报器

日常生活中，未来天气信息对我们来说是非常有用的，它有助于我们合理地安排出行。那么如何从网上爬取到我们需要的最新的天气信息呢？下面将介绍天气预报器的实现过程。

6.2.1　编程一点通：字典

我们在学习生活中经常会用到字典。字典是按照一定规律组织汉字，且便于查找和翻阅的工具书。

Python 里也有字典这个词，它是 Python 里组织数据，便于查阅数据对应关系的固有数据类型，如同一个小型数据表格或者小型数据库一样。使用 Python 里的字典，如同现实中的字典，可以从头到尾顺序阅读，也可以快速翻到每一页，找到相应索引对应的内容。

Python 里的字典是包含了若干"键:值"的元素，表示一种映射或对应关系，多个这样的元素组成一个可变序列。

定义 Python 里的字典，每个元素的"键"和"值"用英文冒号分开，不同元素之间用英文逗号分隔，所有的元素放在一个大括号中。字典的语法结构如下所示。

```
字典名 = { 键 : 值 , 键 : 值 , 键 : 值 , 键 : 值 }
```

当然，为了清晰明了，语法也可以写成下面的形式。

字典名 ={

    键：值，

    键：值，

    键：值，

    键：值，

    }

举例来说，创建一个名为 students 的字典，内容是学号和姓名的对应关系，如图 6-7 所示。可以通过 get() 方法返回指定"键"对应的"值"。使用 type() 方法查看一下 students 的类型，确认它是字典类型。

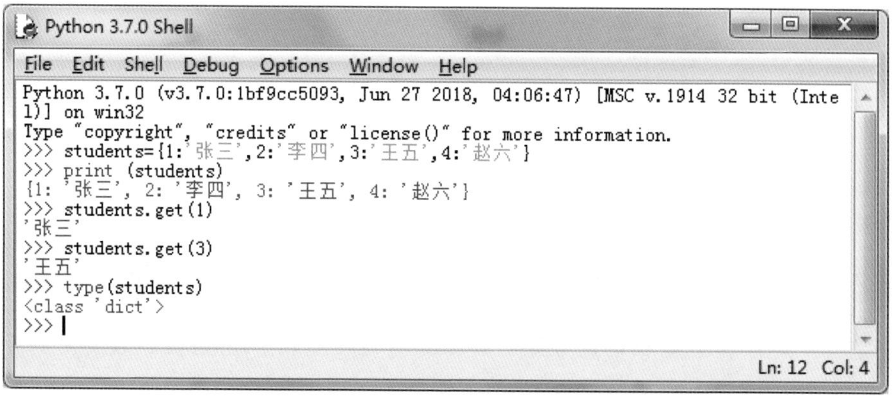

图 6-7　创建一个字典

创建好的字典可以用 keys() 方法返回字典的"键"，用 values() 方法返回字典的"值"，用 items() 方法返回字典的所有元素，如图 6-8 所示。

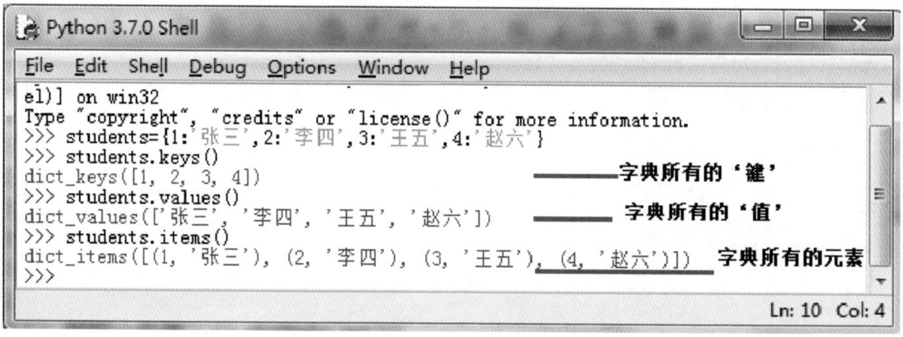

图 6-8　返回字典的"键""值"和元素

给字典元素指定的"键"赋值，可以修改该"键"的值；如果给字典元素中不存在的新的"键"赋值，相当于添加了一个新的元素；使用字典对象的 pop () 方法可删除指定的元素，如图 6-9 所示。

```
Python 3.7.0 Shell
File  Edit  Shell  Debug  Options  Window  Help
Python 3.7.0 (v3.7.0:1bf9cc5093, Jun 27 2018, 04:06:47) [MSC v.1914 32 bit (Intel)
] on win32
Type "copyright", "credits" or "license()" for more information.
>>> students={1:'张三',2:'李四',3:'王五',4:'赵六'}
>>> students[1]='丁一'              ———— 修改已有元素
>>> students
{1: '丁一', 2: '李四', 3: '王五', 4: '赵六'}
>>> students[5]='张三'              ———— 添加一个新的元素
>>> students
{1: '丁一', 2: '李四', 3: '王五', 4: '赵六', 5: '张三'}
>>> students.pop(3)                 ———— 删除一个已有元素
'王五'
>>> students
{1: '丁一', 2: '李四', 4: '赵六', 5: '张三'}
>>>
                                                              Ln: 14  Col: 4
```

图 6-9　修改、添加和删除一个元素

6.2.2　编程一点通：字符串

字符串是计算机编程中最常见的数据类型之一。在 Python 里，只要用引号（' 或 "）就可标识一个字符串，然后可以为变量分配一个字符串，如图 6-10 所示。两个字符串可以使用加号（+）实现拼接。

```
Python 3.7.0 Shell
File  Edit  Shell  Debug  Options  Window  Help
Python 3.7.0 (v3.7.0:1bf9cc5093, Jun 27 2018, 04:06:47) [MSC v.1914 32 bit (In
tel)] on win32
Type "copyright", "credits" or "license()" for more information.
>>> str1="I like python"
>>> print(str1)
I like python
>>> str2="Myname is Tom"
>>> print(str2)
Myname is Tom
>>> str1+""+str2
'I like pythonMyname is Tom'
>>> str1+" "+str2
'I like python Myname is Tom'
>>>
                                                              Ln: 13  Col: 4
```

图 6-10　字符串赋值和连接

在 Python 里，可以使用方括号截取字符串，访问字符串里的某个或某些字符，如图 6-11 所示。

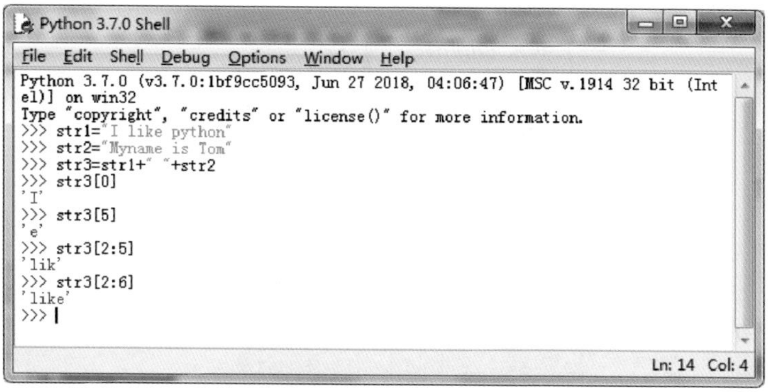

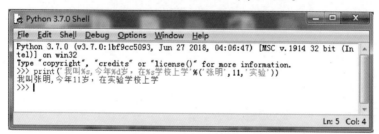

图 6-11　访问字符串

Python 支持格式化字符串的输出。在程序语言中，为了输出一段有意义的话，经常会用到格式化字符串。一段话不仅仅有明确意义的字符，还有一些是可变意义的字符。格式化字符串最基本的用法是将一个值插入一个有字符串格式符的字符串中，如图 6-12 所示。其中，姓名、年龄和学校名对于不同的学生是可变的，这些可变的值就可以通过格式化放在字符串里。其中 %s 用来格式化输入字符，如"张明""实验"；%d 用来格式化输入整型数字，如 11。

图 6-12　格式化字符串的用法

6.2.3　从城市名到城市代码

用 urlopen() 向中国天气网发一个查询天气的请求，需要获取查询相关信息的网络链接（url）。不同城市的网络链接不一样，主要差别就是这个城市在天气网中的代码，例如 101010100 是北京，101020100 是上海。

我们不可能记住要查询城市的代码，只是希望输入城市的名称，程序自己能够匹配到相应的代码，然后读取相应城市的天气预报信息。这就需要构造一个字

147

典，字典里保存着城市名称和城市代码的对应关系，如图 6-13 所示，然后通过查字典，查到城市代码。

图 6-13　关于城市和城市代码的字典

我们构造一个名叫 citycode 的字典，并保存在 dictcitycode.py 文件里，代码如下所示。

```
# -*-coding: cp936 -*-
# 构造一个叫 citycode 的字典
citycode = {
    '北京': '101010100',
    '海淀': '101010200',
    '朝阳': '101010300',
    '顺义': '101010400',
    '怀柔': '101010500',
    '通州': '101010600',
    '昌平': '101010700',
    '延庆': '101010800',
    '丰台': '101010900',
    '石景山': '101011000',
    '大兴': '101011100',
    '房山': '101011200',
    '密云': '101011300',
    '门头沟': '101011400',
    '平谷': '101011500',
```

```
    '八达岭': '101011600'
}
```

```
print (citycode.get(" 海淀 ") )      # 获取海淀的代码
print (citycode.values())            # 返回字典里的所有代码
```

用来查 Python 字典的最常用的方法就是使用 get()，给定要查询的地名，就能够找到它的代码。例如 citycode.get(" 海淀 ")，查出来的就是 101010200。citycode.values() 返回的是字典里所有的城市代码。

运行这个程序的结果如图 6-14 所示。

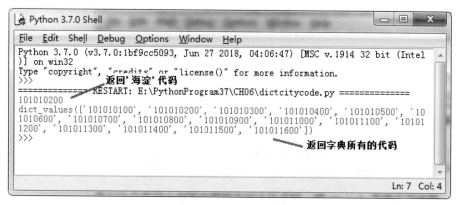

图 6-14　Python 字典的使用

我们在天气网中找到中国所有城市的代码，把 citycode 字典补充完整并保存在 weathercitycode.py 文件中，以便使用。把这个文件放在和调用这个字典的程序同一路径下，使用 from weathercitycode import citycode，就可以使用这个字典查询指定城市名称的城市代码了。其中，weathercitycode 是模块名，citycode 是可以调用字典的名称。

6.2.4　处理天气数据

我们拿到了 JSON 格式的北京天气数据，直接在 Python 的 IDLE 中看到的是没有换行和空格且未经整理的一长串字符，能把人看晕了。如同没有整理的书房，需要我们整理，如图 6-15 所示。这里把格式整理了一下，看起来就清爽多了。

```
{
"weatherinfo":{
```

```
"city":" 北京 ",
"cityid":"101010100",
"temp1":"-2℃ ",
"temp2":"16℃ ",
"weather":" 晴 ",
"img1":"n0.gif",
"img2":"d0.gif",
"ptime":"18:00"
}

}
```

图 6-15　整理数据和文件

　　这个数据结构和我们上面讲的字典有点像，不过有两层，最外层只有一个 weatherinfo。它的值是另一个字典，包含了很多项数据，如城市、代码、天气信息、发布时间等。我们最关心的就是字典里的最低温度 temp1、最高温度 temp2 和天气状况 weather。

　　对于程序来说，这只不过是一个满足 JSON 格式的字符串。虽然像字典，但是需要转换一下格式才可以当字典用。json 模块用来解析 JSON 格式的数据。json 提供的 loads 方法可以把上面看似字典的 JSON 格式的字符串转成一个真正的字典，格式如下所示。

```
import json                              # 导入 json 库
weatherdata = json.loads(json 格式的字符串 )  # 转换格式
```

这时，weatherdata 就是一个 Python 的字典了，只不过是有两层结构的字典，即第一层字典 weatherinfo 和对应的又一个字典组成，weatherdata ['weatherinfo'] 就是里层的字典。里层字典的值赋给 result 变量，使用如下代码。

```
result = weatherdata.get('weatherinfo')
```

在 result 这个字典里，result['weather'] 就是天气状况，result['temp1'] 就是最低温度，result['temp2'] 就是最高温度，可以把它放在字符串 str_weather 里，如下所示。

```
str_weather = ('%s\n%s ~ %s')% (
result['weather'],
result['temp1'],
result['temp2']
)
```

也可以用字典的 get() 方法来取值，如下所示。

```
str_weather = ('%s\n%s ~ %s') % (
result.get('weather'),
result.get('temp1'),
result.get('temp2')
)
```

把下面的代码保存在 jsondatatodict.py 文件里。weatherjson 是 urlopen().read() 取出的天气信息的字符串，是 JSON 格式的，通过 json.loads() 函数把它转换成了字典格式。

使用 type(weatherjson)、type(weatherdict) 分别看一下转换前后两个变量的类型，转换前是字符串类型，转换后是字典类型。转换成字典类型后，就可以用字典方法来操作了。type(result) 可以看到 result 也是字典类型。

```
import urllib.request      # 导入获取网络资源的模块
import json                # 导入 json 模块，解析 JSON 格式的数据


weatherjson=urllib.request.urlopen('http://www.weather.
com.cn/data/cityinfo/101010100.html').read()
                          # 读入北京的天气数据
```

```
weatherdict = json.loads(weatherjson)
                              # 将 json 格式转换成 weatherdata


print (type(weatherjson))        # 求 weatherjson 的类型
print (type(weatherdict))        # 求 weatherdict 的类型


result = weatherdict.get('weatherinfo')
                              # 将内层字典赋值给 result
print (type(result))             # 求 result 的类型
str_weather = ('%s\n%s ~ %s') % (     # 生成天气字符串
result.get('weather'),
result.get('temp1'),
result.get('temp2')
)


print (result['weather'],result['temp1'],result['temp2'])
                              # 打印从 result 字典取出的值
print (str_weather)              # 打印天气字符串的值
```

运行这个程序，可以得到如图 6-16 所示的结果。

图 6-16　天气数据的处理

6.2.5　与用户交互

在本节里，我们让用户输入想要查询天气情况的城市，如图 6-17 所示，用户输入的城市名字保存在变量 cityname 中。

```
cityname = input(' 你想查哪个城市的天气？\n')
```

然后查字典找到这个城市的代码：citycode = city.get(cityname)。

图 6-17　查询北京的天气

用这个代码生成天气网的链接 urlink，读取天气信息：urlopen(urlink).read()。

由于天气信息是一个 JSON 格式的字符串，使用 json.loads() 函数把它转换成字典类型，然后利用字典类型的操作方法读取相应的信息。

在这里，为了防止字典里没有用户输入的城市名称，所以用了 if 语句判断输入城市名称的代码 citynumber 是否存在。

把整个支持用户查询天气情况的程序保存在 getcityweatheroutput.py 文件里，如下所示。

```
import urllib.request      # 导入获取网络资源的模块
import json                # 导入格式转换的模块
from weathercitycode import citycode
                           # 导入自定义的城市名和城市代码模块


cityname = input(' 你想查哪个城市的天气？\n')
                           # 提示用户输入要查询天气的城市名称
citynumber = citycode.get(cityname)
                           # 查字典，找到该城市代码
print (cityname,citynumber)     # 打印城市名称和城市代码


if citynumber:  # 判断用户输入的城市是否在字典里，字典是否为空
    urlink = ('http://www.weather.com.cn/data/
```

```
cityinfo/%s.html' % citynumber)
                                        # 生成该城市的天气网络链接
        print (urlink)                  # 打印该链接，看是否正确
        weatherjson = urllib.request.urlopen(urlink).read()
                        # 读取天气信息，JSON 字符串格式
        weatherdata = json.loads(weatherjson)
                        # 调用 json.loads() 函数，转换成字典类型
        result=weatherdata['weatherinfo']       # 获取内层字典
        str_weather=('%s\n%s\n%s ~ %s')%(        # 读取天气信息
            result['city'],
            result['weather'],
            result['temp1'],
            result['temp2']
        )
        print (str_weather)             # 打印天气信息
    else:                               # 提示没有用户要查的城市天气
        print ("城市名不存在")
```

运行程序，结果如图 6-18 所示。

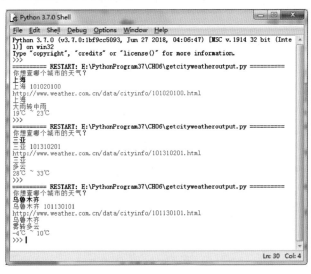

图 6-18   用户查询城市的天气情况

当你编出一个程序，便能立即看到你的思想的实现！所有的事情以一种非常有趣的方式联系在了一起，也正是这一类的东西促使我进入这一领域。

——丹尼斯·里奇（C 语言之父）

7

游戏环境

游戏的初步设计

我们已经学习了用 turtle 画图，用 Python 解决一些数学问题，以及用 Python 上网爬取信息等技能，这些内容都是 Python 程序设计的基础能力。从本章开始，我们将学习设计简单的游戏，如图 7-1 所示。游戏设计的第一步就是设置游戏环境。

本章我们将学会

（1）列表的使用。

（2）安装和导入 pygame 库。

（3）设置游戏界面的标题和大小。

（4）设置游戏背景图片。

（5）设置地鼠位置。

（6）学会使用位置序列。

（7）地鼠出现的时间间隔设置。

（8）地鼠消失的程序实现方法。

（9）退出 pygame，避免程序无响应。

图 7-1　游戏的初步设计

任何的功能特性都是能实现的——只要有足够的时间。

——John Carmack

电小白：“我们学了这么多，怎么还没有学习如何设计游戏呢？”

清青老师：“别急嘛。打好基础才能盖高楼。”

电小白：“我还是想尽快开始，早日成为游戏设计大王。”

清青老师：“在设计游戏之前，我们先要装好 pygame。”

电小白：“pygame？这是什么？”

清青老师：“pygame 是一个很经典的游戏制作包，可以对图形、动画、文字和音频进行灵活设置和操作，也可以对鼠标和键盘事件进行灵活响应（见图 7-2）。”

电小白：“这可是设计游戏的杀手锏啊。”

清青老师：“是的。”

图 7-2　pygame 如同一个开放货架

7.1　设置游戏环境

7.1.1　编程一点通：列表

列表是 Python 最基本的数据结构，是一种特殊的序列。列表中的每个元素都分配一个数字，用来记录它的位置或索引。列表的第一个索引是 0，第二个索引是 1，以此类推。列表在方括号内用逗号分隔不同的值。使用下标索引来访问列表中的值，同样也可以截取字符，如图 7-3 所示。0 号索引访问的是列表的第一个元素；[1:3] 号索引截取的是列表的第二、第三个元素。如果访问的索引超出了列表的元素范围，Python 会提示错误。

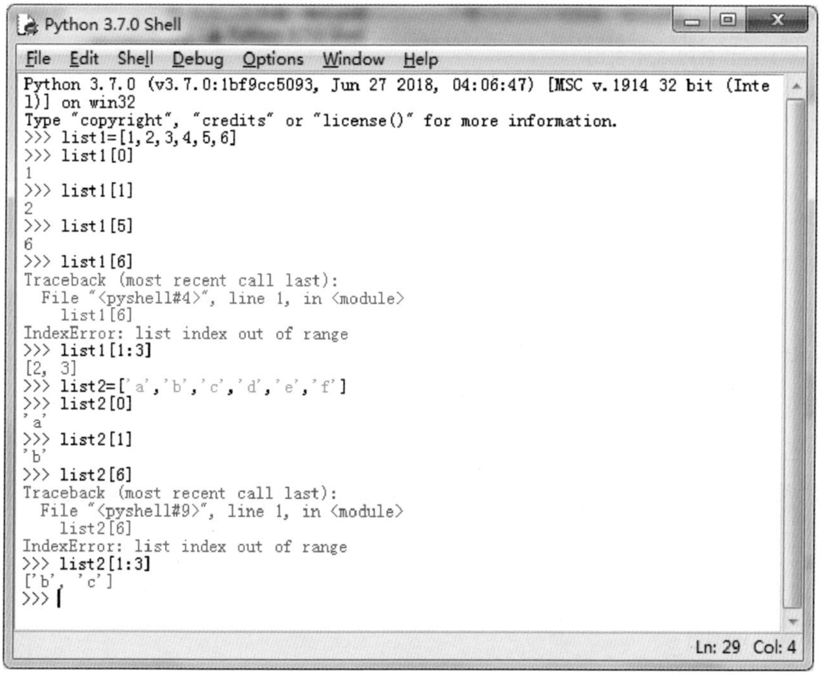

```
Python 3.7.0 Shell
File Edit Shell Debug Options Window Help
Python 3.7.0 (v3.7.0:1bf9cc5093, Jun 27 2018, 04:06:47) [MSC v.1914 32 bit (Inte
l)] on win32
Type "copyright", "credits" or "license()" for more information.
>>> list1=[1,2,3,4,5,6]
>>> list1[0]
1
>>> list1[1]
2
>>> list1[5]
6
>>> list1[6]
Traceback (most recent call last):
  File "<pyshell#4>", line 1, in <module>
    list1[6]
IndexError: list index out of range
>>> list1[1:3]
[2, 3]
>>> list2=['a','b','c','d','e','f']
>>> list2[0]
'a'
>>> list2[1]
'b'
>>> list2[6]
Traceback (most recent call last):
  File "<pyshell#9>", line 1, in <module>
    list2[6]
IndexError: list index out of range
>>> list2[1:3]
['b', 'c']
>>>
Ln: 29 Col: 4
```

图 7-3 列表的使用

可以使用 del 语句删除列表的元素，如图 7-4 所示。使用 del list2[1] 删除了 list2 列表的第二个元素。删完 list2[1] 后，list2 只剩下 5 个元素。

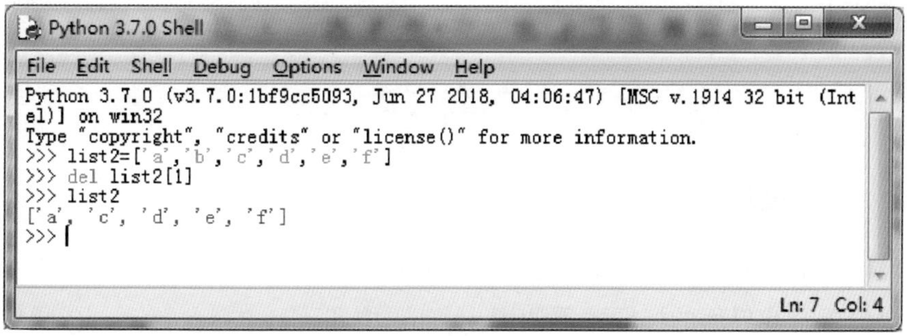

```
Python 3.7.0 Shell
File Edit Shell Debug Options Window Help
Python 3.7.0 (v3.7.0:1bf9cc5093, Jun 27 2018, 04:06:47) [MSC v.1914 32 bit (Int
el)] on win32
Type "copyright", "credits" or "license()" for more information.
>>> list2=['a','b','c','d','e','f']
>>> del list2[1]
>>> list2
['a', 'c', 'd', 'e', 'f']
>>>
Ln: 7 Col: 4
```

图 7-4 删除列表的元素

列表对 + 和 * 的操作符与字符串相似。+ 用于组合列表，* 用于重复列表。如图 7-5 所示，list1 和 list2 用 + 连接，得到的列表包括了这两个列表的全部元素。列表名 *2 表示把这个列表中的元素重复一下。

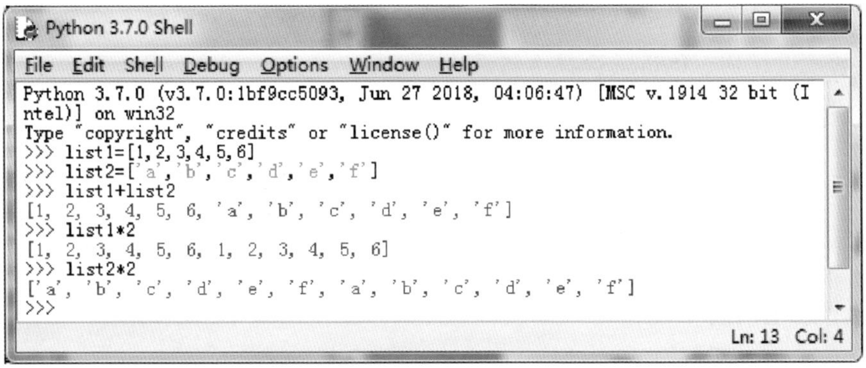

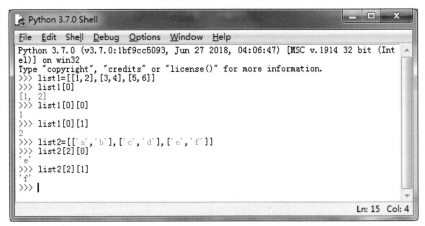

图 7-5　组合和重复列表

列表可以嵌套，也就是说列表里面有列表，从而组成二维或者三维列表，如图 7-6 所示。列表 list1=[[1,2],[3,4],[5,6]] 的第一个元素 list1[0] 也是一个列表，即 [1,2]，包括两个元素，其中 list1[0][0]=1，list1[0][1]=2。

图 7-6　嵌套列表

7.1.2　界面设计

设计一个游戏，首先需要考虑的就是游戏界面的标题、大小和背景图片。

要设置游戏界面的标题，需调用 pygame 中 display 的 set_caption() 函数。在英文单引号中把游戏的名字放进去，如下所示。

```
pygame.display.set_caption(' 打地鼠游戏 ')
```

这样就在程序界面的左上角显示了"打地鼠游戏"几个字。

在 pygame 中，set_mode() 用来设定屏幕显示的类型和尺寸。例如，设为 [800,600]，即屏幕的长设为 800 像素，宽设为 600 像素。如果设为 FULLSCREEN，则为全屏显示，如下所示。

```
screen = pygame.display.set_mode([800,600])
```

游戏背景的图片可以使用 image.load()，需要在括号中指定图片的位置和名称。如果不指定位置，只有图片名称，加载的是程序当前目录下的图片资源。如果加载一个不存在的图片资源，运行程序时会报错。

在打地鼠游戏中，背景图片 Diglettbg.jpg 如图 7-7 所示，我们把它放在了和程序本身相同的目录下。导入背景图片的语句如下所示。

```
bg = pygame.image.load("Diglettbg.jpg")
```

图 7-7 打地鼠游戏的界面设置

图片资源导入以后，不会自动在游戏界面显示导入的图片，需要使用 blit() 函数。blit() 函数可以指定载入的图片位置。我们把 Diglettbg.jpg 图片放在（0,0）位置，如下所示。

```
screen.blit(bg, (0,0))
```

但此时载入的图片还是没有显示出来，需要调用 update()。在屏幕上的图片做了改动后，update() 可以更新屏幕，重新显示。

同样地，用 load() 载入地鼠图片，用 blit() 函数将地鼠图片放在屏幕的指定位置上，最后用 update() 显示图片。

```
pic = pygame.image.load("diglett.jpg")
screen.blit(pic, (190,287))
```

上面的内容介绍了打地鼠游戏的基本界面和图片元素，将上述代码汇总在 beatDiglettbg.py 文件中，如下所示。

```
import pygame                        # 导入 pygame 游戏设置库
pygame.init()                        # 初始化 pygamge

pygame.display.set_caption(' 打地鼠游戏 ') # 设置屏幕的标题
screen = pygame.display.set_mode([800,600])
                                     # 初始化屏幕大小


bg = pygame.image.load("Diglettbg.jpg")
                        # 设置打地鼠的背景图片
screen.blit(bg, (0,0))   # 把背景图片放在屏幕的指定位置


pic = pygame.image.load("diglett.jpg")   # 载入地鼠图片
screen.blit(pic, (190,287))   # 把地鼠图片放在屏幕的指定位置
screen.blit(pic, (600,287))
screen.blit(pic, (510,374))


pygame.display.update()            # 更新屏幕，显示图片
```

运行 beatDiglettbg.py，可以看到打地鼠的背景图片显示了 3 只地鼠。

7.1.3 地鼠的位置

我们注意到，在 pygame 里指定图片位置也用到了（x，y）的坐标。运行 7.1.2 节的程序发现，这个坐标的位置和 turtle 里坐标的位置不同。turtle 里的原点（0，0）在画布的中央，而 pygame 里的原点（0，0）在画布的左上角，如图 7-8 所示。

在 pygame 里，越往右，水平坐标的 x 越大，这一点和 turtle 是相同的。不同的是，turtle 里 x 是可以取负值的，它表示位于画布中央的左侧；但在 pygame 里，x 通常不取负值，因为 x 取负值，意味着位置到了画布之外了。

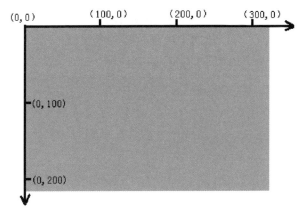

图 7-8 pygame 的坐标系

在 pygame 里，越往下，垂直坐标的 y 值越大，这一点和 turtle 里正好相反。在 turtle 里，越往上的位置，垂直坐标 y 值越大。

pygame 的这种坐标系在图形用户界面中很常见。

回到上面的打地鼠游戏。为了让地鼠能从背景图片中的洞中出来，需要每个洞口有比较精确的 pygame 坐标系的位置。一共 17 个洞口，我们就需要 17 个 (x,y) 位置，以便后续控制地鼠出现的地点。

我们把这 17 个洞口的位置测算出来，保存在 holes_position 这个变量中。

```
holes_position=[(218,120),(380,124),(540,124),(140,204),
                (310,204),(480,204),(656,204),(190,287),
                (395,287),(600,287),(60,375),(280,375),
                (510,374),(719,374),(105,470),(384,470),
                (660,470)]
```

洞口的位置有了，我们在每个洞口放一只地鼠，自然想到用 for 循环，如下所示。

```
for i in range(17):
    screen.blit(pic, holes_position[i])
                               # 把地鼠图片放在屏幕的指定位置
    pygame.display.update()    # 更新屏幕，显示图片
    print (holes_position[i])
```

pic 里保存着地鼠的图片，holes_position 保存着 17 个洞口的位置，用 screen.blit(pic, holes_position[i]) 可以依次把地鼠放在各个洞口。

上述这段代码完全可以用下面的代码来代替：

```
for position in holes_position:
    screen.blit(pic,position) # 把地鼠图片放在屏幕的指定位置
    pygame.display.update()   # 更新屏幕，显示图片
    print (position)
```

for position in holes_position: 这个语句是不是很熟悉？我们在画国旗的程序里用过类似的结构。

在这里，holes_position[0]= (218, 120)，holes _position[1]= (380, 124)，holes _position[2]= (540, 124)，…，holes_position[16]= (660, 470)，每一个 holes_position[i] 又是一个序列，包含两个值：holes_position[i][0]，holes_position[i][1]。例如，holes_position[0][0]=218，holes_position[0][1]=120。

这里的 for 循环体调用了 17 次 screen.blit(pic,position) 函数，在指定位置生成了 17 只地鼠。

将上述代码组合一下，保存在 setDiglettlocation.py 文件里。

```
import pygame               # 导入 pygame 游戏设置库
pygame.init()               # 初始化 pygamge


pygame.display.set_caption(' 打地鼠游戏 ')   # 设置屏幕的标题
screen = pygame.display.set_mode([800,600])
                            # 初始化屏幕大小


bg = pygame.image.load("Diglettbg.jpg")
                            # 设置打地鼠的背景图片
screen.blit(bg, (0,0))      # 把背景图片放在屏幕的指定位置


holes_position=[(218, 120),(380,124),(540,124),(140,204),
               (310, 204), (480, 204),(656,204),(190,287),
               (395,287),(600,287),(60, 375), (280,375),
               (510,374),(719,374),(105,470),(384,470),
```

```
                         (660, 470)]              #17个洞口的坐标
pic = pygame.image.load("diglett.jpg") # 载入地鼠图片


for position in holes_position:
    screen.blit(pic,position)    # 把地鼠图片放在屏幕的指定位置
    pygame.display.update()      # 更新屏幕，显示图片
    print (position)
```

运行这段程序，结果如图 7-9 所示。

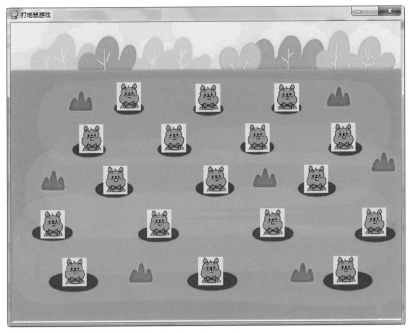

图 7-9　每个洞口一只地鼠

7.2　目标出现和消失

从上面程序的运行过程，大家可以看到，虽然每个洞口放一只地鼠，需要循

环 17 次，但是程序还是一下子完成了，让我们感觉不到它依次放地鼠的过程。另外下一只地鼠出来的时候，前面的地鼠还在，如果游戏里需要有一个动画的效果，该怎么办呢？

7.2.1　时间设置

pygame 有个 time 模块，给我们提供了一个 Clock 的对象。绘制游戏的画面时，使用这个 Clock 对象里的 tick() 函数，可以指定每秒最多有多少个画面，这也就决定了画面更新的快慢了。

tick(1) 就是每秒变化一个画面，比较缓慢；tick(10) 就是每秒变化 10 个画面，较快。即：

```
pygame.time.Clock.tick(每秒更新画面帧的数目)
```

为了使用方便，可以把 pygame 里 time 模块的 Clock 对象赋给一个变量 t，以后使用 t 就可以代表这个 Clock 对象了。

```
t= pygame.time.Clock()
```

这样设置每秒 1 个画面，就可以使用 t.tick(1)。

我们在地鼠依次出现的程序代码中，加上定时环节，如下所示。

```
t= pygame.time.Clock()              # 将 Clock() 对象赋予 t
for position in holes_position:
    screen.blit(pic,position)       # 把地鼠图片放在屏幕的指定位置
    pygame.display.update()         # 更新屏幕，显示图片
    print (position)
    t.tick(1)                       # 停留 1 秒钟，再更换画面
```

运行包含上述代码的 setDigletttimer.py 文件，可以看到每个洞口的地鼠依次出现，时间间隔是 1 秒。

7.2.2　动画效果

我们需要一只地鼠出现，前面出现的地鼠消失。可是前面运行的程序表明，新的地鼠出现了，旧画面的痕迹仍然存在。这就需要在每次循环前，把前面留下的痕迹抹掉。怎么抹掉呢？

为了解决这个问题，先来看一个简单的例子。fighterflying.py 是一架战斗机

飞行的例子，代码如下所示。

```
import pygame                          # 导入 pygame 游戏设置库
pygame.init()                         # 初始化 pygamge
WHITE=(255,255,255)                   # 白色的颜色值
pygame.display.set_caption(' 战斗机飞行 ')   # 设置屏幕的标题
screen = pygame.display.set_mode([800,600])  # 初始化屏幕大小
screen.fill(WHITE)                    # 背景设为白色
pic = pygame.image.load("fighter.jpg")   # 载入战斗机图片
x=600                                 # 战斗机的初始位置
y=400
screen.blit(pic, (x,y))               # 将战斗机放在初始位置处
pygame.display.update()               # 更新屏幕，显示图片

t= pygame.time.Clock()                # 将 Clock() 对象赋予 t
while y>0:
    x-=2
    y-=1
    screen.blit(pic,(x,y)) # 把战斗机图片放在屏幕的指定位置
    t.tick(20)                        # 停留一会，再更换画面
    pygame.display.update()           # 更新屏幕，显示图片

pygame.quit()
```

　　这段程序实现了一架战斗机在白色屏幕中飞行的过程。首先定义了 WHITE 的 RGB 颜色值为 (255,255,255)，即为白色。然后用 screen.fill(WHITE) 把背景设为白色，把战斗机显示出来；为了在循环体里不断地移动战斗机，战斗机的坐标为 (x，y)，通过在循环体里的 x-=2 和 y-=1，实现对战斗机位置的移动。

　　运行这段代码，我们发现战斗机飞行的过程会留下痕迹，如图 7-10 所示。

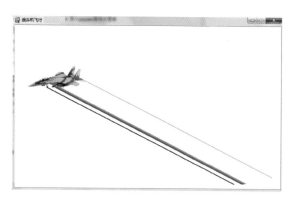

图 7-10　战斗机飞行痕迹

我们想到，可以使用 screen.blit(bg, (0,0)) 再重新放一次背景画面，这一点让程序做起来非常容易。解决这类留痕迹问题，就是如何在程序中把上一次图片运行的痕迹抹掉。在程序一开始，用 screen.fill(WHITE) 把背景设为白色。在循环体里，同样可以利用这个方法，重新刷一下屏幕，把上次图片的痕迹抹掉。在循环体增加如下语句。

```
while y>0:                      # 循环
    x-=2
    y-=1
    screen.fill(WHITE)          # 把背景设为白色
    screen.blit(pic,(x,y))      # 把战斗机图片放在屏幕的指定位置
    t.tick(20)                  # 停留一会，再更换画面
    pygame.display.update()     # 更新屏幕，显示图片
```

再次运行这个程序，发现遗留痕迹的问题解决了，如图 7-11 所示。

图 7-11　无痕迹飞行

在打地鼠的游戏中，消除旧画面的痕迹也可以用类似的思路，但不能用上面的 screen.fill(WHITE)，因为那样会把打地鼠的背景图片抹掉。那该怎么办呢？只能用和上次背景一样的图片重新设置一遍，如下所示。

```
t= pygame.time.Clock()          # 将 Clock() 对象赋予 t
for position in holes_position:
    screen.blit(bg, (0,0))      # 把背景图片放在屏幕的指定位置
    screen.blit(pic,position)   # 把地鼠图片放在屏幕的指定位置
    pygame.display.update()     # 更新屏幕，显示图片
    print (position)
    t.tick(1)                   # 停留 1 秒钟，再更换画面
pygame.quit()                   # 退出 pygame，避免程序无响应
```

运行包含上述代码的 setDiglettAnimation.py 文件，可以看到一只地鼠出现，然后等待 1 秒后消失，下一只地鼠出现，以此类推。

我们发现运行完了，程序容易没有响应。在用 turtle 画图的时候，也碰到过类似的现象。在使用完 turtle 后，用 done() 语句释放对象便解决了这个问题。

同样，用完 pygame 模块后，也需要释放相关对象。避免程序长时间占用对象，导致程序无响应。那么如何释放呢？

pygame.quit() 可以在使用完 pygame 后，释放存储图片的变量及相关对象占用的内存。在程序的末尾加上这句话后，是不是解决了程序无响应的问题？大家试一下。

8

用户交互

游戏的用户交互

在第 7 章中，我们学会了设置游戏的背景环境，并且可以移动游戏目标。本章我们要学习用户和游戏的交互设计，如图 8-1 所示。打过游戏的人都有这样的体验，游戏对我们的动作要有及时准确的响应，这个游戏才有意思。游戏如何响应我们的动作呢？首先游戏要捕捉鼠标和键盘的事件，然后针对这些事件设计交互效果。

本章我们将学会

（1）捕捉鼠标事件。

（2）捕捉键盘事件。

（3）判断单击位置或对象位置是否在目标范围。

（4）实时更新背景和图片。

（5）学会使用 randint() 函数。

（6）目标出现的位置随机化。

图 8-1 游戏的用户交互

对于增加一个功能点所付出的代价，它不仅仅指开发这个功能所消耗的时间，同时还包括随之而来的、给以后扩展造成的困难。

——John Carmack

电小白："前面地鼠游戏的设计中，地鼠的出现和消失，我们玩游戏的人没法控制啊，这怎么叫玩游戏呢？"

清青老师："你如果想要和游戏交互，需要在程序里加上捕捉鼠标和键盘事件的代码。"

电小白："什么是鼠标和键盘事件？"

清青老师："鼠标事件就是用户移动、按下和抬起鼠标的动作。键盘事件就是用户敲击键盘上按键的动作（见图 8-2）。用户与游戏交互不就是这些动作么？"

电小白："我一直以为程序对键盘和鼠标是自然就有响应的，还不知道需要编程。"

清青老师："那当然需要了，我们赶快开始吧。"

图 8-2　鼠标和键盘事件

8.1　检测鼠标和键盘事件

8.1.1　编程一点通：布尔变量

布尔型变量（Boolean Variable）是有两种逻辑状态的特殊的变量。这两种状态分别是：真（True）和假（False）。

布尔型变量在程序运行时通常用作标志（flag），通常用于有两种选择状态的程序中，用以改变程序执行流程。

在条件语句中应用布尔变量，如下所示。

```
if  flag：
    如果flag是 True ，执行这里
else：
    如果flag是 False，执行这里
```

在while循环语句中，布尔型变量可以作为执行条件和终止条件。如果flag为真，则执行while循环体里的语句；如果flag为假，则退出循环体，如下所示。

```
while flag：
    循环体（如果flag是 True ，执行；如果flag是 False，退出）
```

布尔型变量还可以用于记录比较运算表达式的结果，如图8-3所示。

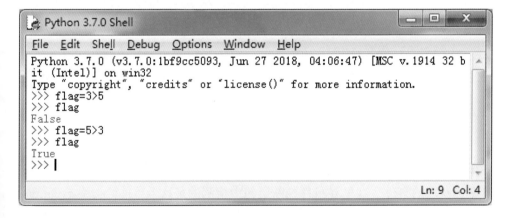

图8-3 布尔变量记录比较运算结果

8.1.2 捕捉鼠标事件

常见鼠标事件有鼠标移动（MOUSEMOTION）、鼠标按下（MOUSEBUTTONDOWN）和鼠标抬起（MOUSEBUTTONUP），如图8-4所示。

图 8-4　鼠标和键盘事件

checkmousemotion.py 文件里的一段代码实现了如果检测到鼠标移动，就在 IDLE 中打印出鼠标的位置信息。

```
while keep_going:                        # 程序主循环
    for event in pygame.event.get():     # 获取键盘或者鼠标事件
        if event.type==MOUSEMOTION:      # 如果鼠标在移动
            print(event.pos)             # 打印鼠标当前的位置
```

这里 while 循环里套用了 for 循环。pygame.event.get() 用来从 pygame 游戏界面中获取键盘或者鼠标事件；每次 for 循环，event 变量保存着一个从键盘或者鼠标获取的事件。这里 if 条件判断语句中检测的是这个事件的类型 event.type 是不是鼠标移动事件。如果是，把鼠标移动的位置 event.pos 打印出来，如图 8-5 所示。

checkmousedown.py 文件中的程序实现了检测鼠标被按下的事件。如果有鼠标被按下，就在按下鼠标的位置画一个红色的圆，半径为 radius，如图 8-6 所示。

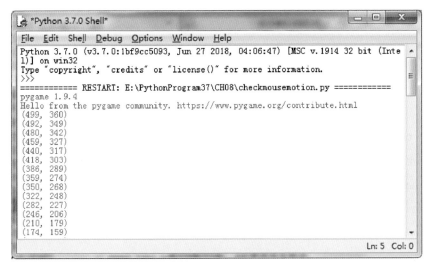

图 8-5　鼠标移动位置记录

图 8-6　捕获鼠标被按下事件画圆

pygame.draw.circle(screen,RED,locd,radius) 是 pygame 里画圆的函数，输入参数有 4 个：屏幕对象、RGB 颜色值、当时位置和半径。

```
while keep_going:                          # 程序主循环
    for event in pygame.event.get():# 获取键盘或者鼠标事件
```

```
if event.type ==MOUSEBUTTONDOWN:  # 如果鼠标被按下
    locd=event.pos    # 记录按下鼠标时光标的位置
    pygame.draw.circle(screen, RED, locd, radius)
                        # 画一个红色的圆, 半径为 radius
pygame.display.update()          # 绘制屏幕内容
```

在 checkmousedown.py 文件中程序的主循环前，需要对屏幕、颜色值和相应变量做必要的初始化设置，代码如下所示。

```
import pygame                    # 导入需要的模块
from pygame.locals import *      # 导入用到的模块


pygame.init()                    # 初始化 pygame
BLUE = (0,0,255)                 # RGB 颜色值, 蓝色
RED =(255,0,0)                   # RGB 颜色值, 红色


screen = pygame.display.set_mode([500,400])
                                 # 设置窗口的大小, 单位为像素
pygame.display.set_caption('检测鼠标和键盘事件')
                                 # 设置窗口的标题
radius = 40                      # 设置画圆的半径
screen.fill(BLUE)                # 设置背景颜色
keep_going = True    # 布尔变量, 游戏的主循环体是否持续的标志
```

检测鼠标和键盘事件在 pygame.locals 中有定义。使用 from pygame.locals import * 导入，可以在使用 pygame.locals 的常量的时候，不用再带前面的对象名。如果不导入 pygame.locals，程序将不认识 MOUSEBUTTONDOWN、MOUSEMOTION 等鼠标事件。

先给 BLUE 赋予 RGB 颜色值 (0,0,255)，即蓝色；然后使用 screen.fill(BLUE) 将背景设为蓝色。radius 变量保存着 pygame 画圆的半径。keep_going 是游戏的主循环体是否持续的标志，是个布尔型变量，值为 True，继续玩；值为 False，退出循环。

checkmouseup.py 文件中程序实现了检测鼠标被抬起的事件。如果有鼠标被

抬起，就在按下鼠标的位置和抬起鼠标的位置画一条线，宽为 5。

```
while keep_going:                    # 程序主循环
    for event in pygame.event.get():  # 获取键盘或者鼠标事件
        if event.type == MOUSEBUTTONDOWN:
                                      # 如果按下鼠标左键
            locd=event.pos            # 记录按下鼠标时光标的位置
        if event.type ==MOUSEBUTTONUP: # 如果抬起鼠标左键
            locup=event.pos           # 记录抬起鼠标时光标的位置
        pygame.draw.line(screen, GREEN, locd, locup, 5)
                                      # 从鼠标按下的位置到抬起的位置，画一条线
    pygame.display.update()  # 绘制屏幕内容
```

pygame 里画线的函数为 pygame.draw.line(screen, GREEN, locd, locup, 5)，需要 5 个输入参数：屏幕、颜色、起始位置、结束位置、画笔宽度。

运行 checkmouseup.py，光标相当于画笔，可以在屏幕上画画或者写字，如图 8-7 所示。

图 8-7　捕获鼠标抬起事件画线

8.1.3　捕获键盘事件

捕获键盘事件和捕获鼠标事件的思路是一样的。首先要检测键盘有没有被按

下，看 event.type 是不是 KEYDOWN 事件；如果有键被按下，再看一下是不是键盘右下角的上下左右键，或者是不是左上角的 w、s、a、d 键。右下角的上下左右键，是为了右手习惯的人定义的；左上角的 w、s、a、d 键是为了左手习惯的人定义的。

如果向上键（↑）或者 w 键按下，打印"上"；如果向下键（↓）或者 s 键按下，打印"下"；如果向左键（←）或者 a 键按下，打印"左"；如果向右键（→）或者 d 键按下，打印"右"，如下所示。

```
while keep_going:                           # 程序主循环
    for event in pygame.event.get(): # 获取键盘或者鼠标事件
        if event.type == KEYDOWN:    # 获得键盘按下的事件
            if(event.key==K_UP or event.key==K_w):
                print("上")
            if(event.key==K_DOWN or event.key==K_s):
                print("下")
            if(event.key==K_LEFT or event.key==K_a):
                print("左")
            if(event.key==K_RIGHT or event.key==K_d):
                print("右")
            if event.key==K_ESCAPE:# 按 Esc 键退出
                print("退出")
                keep_going=False    # 用户不玩了，要退出
```

把键盘检测的程序保存在 checkkeyboardevent.py 文件中，运行结果如图 8-8 所示。

在游戏中使用上下左右键，并不是为了在屏幕上打印信息，而是为了控制屏幕中的对象。假若有一架我方战斗机，要控制它上下左右移动，就要用到上面的程序代码。

在 pygame 设计游戏中，向上就是垂直方向的 y 值减少，向下就是垂直方向的 y 值增加；向左就是水平方向的 x 值减少，向右就是水平方向的 x 值增加。

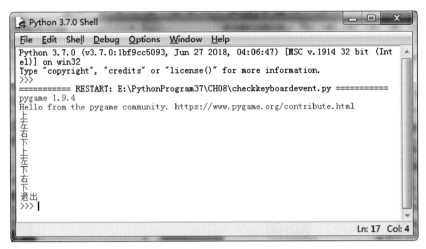

图 8-8　检测键盘事件测试

在 fighterfight.py 文件里，（x，y）表示敌方飞机的位置；(myx,myy) 表示我方飞机的位置；我们以 5 像素为单位来增加和减少，如下所示。

```
if event.type == KEYDOWN:            # 获得键盘按下的事件
    if(event.key==K_UP or event.key==K_w):
        myy-=5
    if(event.key==K_DOWN or event.key==K_s):
        myy+=5
    if(event.key==K_LEFT or event.key==K_a):
        myx-=5
    if(event.key==K_RIGHT or event.key==K_d):
        myx+=5
```

我方飞机的移动是可以用键盘控制的，移动后生成的坐标还放在（myx,myy）里，然后在屏幕上用 screen.blit() 来显示此时的画面，如下所示。

```
screen.blit(mypic, (myx,myy))# 将飞机放在鼠标被按下的地方
pygame.display.update()        # 更新屏幕，显示图片
```

运行 fighterfight.py，我们在屏幕上单击一下便可以在鼠标按下的位置生成我方飞机，相关代码如下所示。

```
if event.type == MOUSEBUTTONDOWN: # 如果鼠标被按下
    myx=event.pos[0]        # 记录按下鼠标时光标的位置
```

179

```
myy=event.pos[1]
screen.blit(mypic, (myx,myy))
```
　　　　　　　　　　　　　　　　　　　　　# 将飞机放在鼠标被按下的地方

　　然后可以使用上下左右键或 w、s、a、d 键控制我方飞机移动，如图 8-9 所示。大家试一下吧。

图 8-9　上下左右移动我方飞机

8.2　交互效果显示

　　游戏的重要特点就是对玩家的输入，有恰当的响应，这个输入和响应模型就是交互效果，这个交互效果是可以选择的，如图 8-10 所示。

图 8-10 游戏交互性

8.2.1 编程一点通：逻辑运算

逻辑运算又称布尔运算，有与（and）、或（or）、非（not）3 种基本常见的运算形式，如表 8-1 所示。

表 8-1 逻辑运算的 3 种常见的运算形式

运算符	逻辑表达式	描　述
and	A and B	布尔"与"，A 和 B 同为真时，结果为真；有一个为假，结果为假
or	A or B	布尔"或"，A 和 B 同为假时，结果为假；有一个为真，结果为真
not	not A	布尔"非"，A 为真，非 A 为假；A 为假，非 A 为真

如图 8-11 所示，A 和 B 同为真的时候，A and B 为真；A or B 为真；not A、not B 为假。A 和 B 其中一个为假的时候，A and B 为假；A or B 为真。A 和 B 同时为假的时候，A and B 为假；A or B 为假；not A、not B 为真。

图 8-11 逻辑运算示例

8.2.2　判断是否打中

无论是打地鼠，还是攻击进犯敌机，都需要判断是否击中目标。地鼠和敌机都有形状，只要鼠标落在了地鼠形状范围内，子弹进入了敌机的形状范围内就是击中了。

地鼠长为 60 像素，高为 60 像素，在 pygame 里地鼠的位置一般用左上角的坐标（x，y）给出；鼠标按下的位置用（mx，my）来表示；那么当 mx、my 满足下面条件的时候，地鼠就被打中了。

（1）mx>=x 且 mx<=x+60；

（2）my>=y 且 my<=y+60。

在第 7 章地鼠全部出现的程序 setDigletttimer.py 中加上下面这段检测鼠标事件的程序，保存为 hitDiglett.py 文件。

在检测鼠标事件的循环里，我们发现鼠标被按下，就记录一下光标位置，判断鼠标此时的位置是否在某个地鼠范围内。isxhit 为是否在某一地鼠水平方向的范围内，isyhit 为是否在某一地鼠垂直方向的范围内，这两个都是布尔型变量。两个布尔型变量同时为真，说明打中了一只地鼠。

```
while keep_going:                               # 程序主循环
    for event in pygame.event.get():
                    # 获取键盘或者鼠标事件
        if event.type ==MOUSEBUTTONDOWN: # 如果鼠标被按下
            locd=pygame.mouse.get_pos()
                    # 记录按下鼠标时光标的位置
            myx=locd[0]
            myy=locd[1]
            for i in range(1,18):
                    # 循环检测哪只地鼠被打中
                x=holes_position[i-1][0]
                y=holes_position[i-1][1]
                isxhit=(myx>=x) and (myx<=x+60)
                    # 水平方向是否击中
```

```
        isyhit=(myy>=y) and(myy<=y+60)
            # 垂直方向是否击中
        if isxhit and isyhit :
            # 两个布尔变量同时为真，表示击中目标
        print ('第',i,'号地鼠被击中')
```

运行 hitDiglett.py，程序生成了所有的地鼠后，就可以捕捉鼠标事件。当我们依次击打第 2、第 1、第 4、第 8、第 11 和第 15 号地鼠的时候，结果如图 8-12 所示。

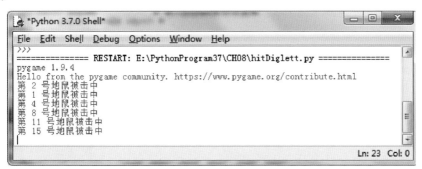

图 8-12　击中地鼠的记录

在击落飞机的游戏中，我们需要加入子弹的图片和位置。

```
blt=pygame.image.load("bullet.jpg")        # 载入子弹图片
```

子弹的位置记录在 (bx,by) 里，它在我方飞机生成或者移动位置的时候，就会射出来，垂直方向运动。每次 while 循环，by 向上移动 20 像素，即在程序里设置为：

```
by -= 20
```

敌机长为 65 像素，宽为 80 像素，如果满足下面的条件，飞机就被打中了。

（1）bx>=x 且 bx<=x+65；

（2）by>=y 且 by<=y+80。

在 fighterfightifhit.py 的程序里，我们设置了如果子弹落在了飞机的范围内，则退出 while 循环，在 IDLE 中提示"敌机被击落，你赢了"。

```
if bx>=x and bx<=x+65 and by>=y and by <=y+80:
                        #检测子弹是否在敌机范围内
  keep_going=False      #while 循环标志置为假，退出循环
```

运行 fighterfightifhit.py，在屏幕任意位置单击一下生成我方飞机，子弹就打了出来；当移动我方飞机时，子弹就会再次沿垂直方向飞出，如图 8-13 所示。

图 8-13　我方飞机击落敌机的过程

8.2.3　打中后的效果

在前面打地鼠或者击落飞机的游戏中，每成功一次，程序会记录下来。但是打中地鼠或者击中飞机，从图片上看不出来变化。

现在我们要在地鼠被打中或者飞机被击中后，在图片上有明显的变化，让用户直接看到自己的成就。

在打地鼠的游戏中，当地鼠被打中后，地鼠被打扁，我们可以在相应位置把地鼠被打扁的图片换上去。有两个办法：一是直接重新绘制一张打扁了的地鼠图片；另一个方法是，用背景图覆盖正常的地鼠图像，将原来的图形使用函数压扁，如下所示。

```
hpic = pygame.image.load("hole.jpg")
scalepic=pygame.transform.scale(pic, (50,25))
```

地鼠被打中后，使用没有地鼠的背景图覆盖正常的地鼠图片，这张图片使用 image.load() 先保存在 hpic 变量中。transform.scale(pic, (50,25)) 将指定图片 pic 变成 50 像素长、25 像素宽，并把它保存在 scalepic 中。最终地鼠被打中的效果将是 hpic 和 scalepic 叠加起来的。

　　在地鼠如果被打中的 if 条件判断句后，用 screen.blit() 函数将背景图片和压扁的地鼠图片依次放在指定的位置，然后用 pygame.display.update() 将图片显示出来。

```
if isxhit and isyhit :              # 如果被打中
    print(' 第 ',i,' 号地鼠被击中 ')
    screen.blit(hpic,(x-15,y-7))       # 用洞口图片覆盖正常地鼠
    screen.blit(scalepic,(x,y+20))
                        # 把压扁的地鼠放在屏幕的指定位置
    pygame.display.update()            # 更新屏幕，显示图片
```

　　把地鼠被打扁效果的代码加在 hitDiglettscale.py 的程序中，运行一下，没被打和打中后的效果对比如图 8-14 所示。

图 8-14　被打扁的地鼠

在击落飞机的游戏中，敌机被子弹击中后会爆炸。我们把这个效果加在游戏的代码中。使用 pygame.image.load() 将敌机被击中后的样子赋值给 bfpic。

```
bfpic=pygame.image.load("fighterbombed.jpg")
```

在判断敌机被子弹击中后，使用 screen.blit() 函数将敌机击中后的图片放在原来敌机的位置。然后再使用 pygame.display.update() 在屏幕上显示出击中敌机的样子。

```
if bx>=x and bx<=x+65 and by>=y and by <=y+80:
# 检测子弹是否在敌机范围内
    screen.blit(bfpic, (x,y))    # 准备击中敌机的样子
    pygame.display.update()      # 显示击中敌机的样子
    time.sleep(2)                # 停留 2 秒
    keep_going=False             # 退出 while 循环的标志
```

在 fighterfighthiteffect.py 的程序里，我们使用 import time 导入了 time 库。在敌机被击中后，time.sleep(2) 可以使画面停留 2 秒。运行这段程序，飞机被击落的效果如图 8-15 所示。

图 8-15　飞机被击中

8.2.4 游戏的随机性

在前面的游戏设计中，为了调测和理解方便，地鼠是依次出现的，敌机是从既定位置起飞，按既定轨道飞行的。如果地鼠能够随机出现，敌机能够从随机的位置起飞，按照随机的轨道飞行，游戏玩起来就更有挑战性了。

为了增加游戏的随机性，我们在程序的开始导入 random 库。程序需要使用 randint() 函数。randint(a,b) 的作用是在 a 和 b 之间，包括 a 和 b，生成一个随机的整数，a 和 b 是整数。

我们可以在 IDLE 中测试一下 randint() 函数的使用，如图 8-16 所示。

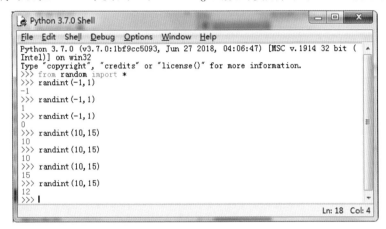

图 8-16　随机函数的使用

在打地鼠的游戏中，一共有 17 个地鼠洞。任一时刻，地鼠可能在任一个洞口出现。

我们有一个 holes_position 序列，保存着 0~16 共 17 个洞口的坐标位置。只要用随机函数在 0~16 中，任意生成一个整数，就可以指定一个随机位置。在下面的代码中，使用 randint() 生成一个随机数 j，然后用背景图片将画面覆盖一下，消除前面循环留下的痕迹，然后 screen.blit() 在编号为 j 的这个洞口的位置，将地鼠的图片放好，最后用 pygame.display.update() 完成显示。

```
i=randint(0,16)              # 生成一个随机数
screen.blit(bg, (0,0))       # 把背景图片放在屏幕的指定位置
screen.blit(pic,holes_position[i])
                             # 把地鼠图片放在屏幕的指定位置
```

187

```
pygame.display.update()          # 更新屏幕，显示图片
```

在 setDiglettRandom.py 的程序里，我们实现了地鼠随机出现的功能，大家运行一下，并试着玩一下。代码如下所示。

```
import pygame                        # 导入 pygame 游戏设置库
from pygame.locals import *     # 导入鼠标和键盘事件的定义
import time                          # 导入 sleep() 函数所在的库
from random import *   # 导入 random 库，使用 randint() 函数
#### 屏幕、图片、位置等进行初始化 ###########
pygame.init()                          # 初始化 pygamge
pygame.display.set_caption(' 打地鼠游戏 ')
                                       # 设置屏幕的标题
screen = pygame.display.set_mode([800,600])
                                       # 初始化屏幕大小
bg = pygame.image.load("Diglettbg.jpg")
                                       # 设置打地鼠的背景图片
screen.blit(bg, (0,0))     # 把背景图片放在屏幕的指定位置
pic = pygame.image.load("diglett.jpg")      # 载入地鼠图片
hpic = pygame.image.load("hole.jpg")        # 载入洞口图片
scalepic=pygame.transform.scale(pic,(50,25))
                                       # 地鼠被打后图片
holes_position = [(218, 120), (380, 124), (540, 124),
                (140, 204), (310, 204), (480, 204),
                (656, 204), (190, 287), (395, 287),
                (600, 287), (60, 375), (280,375),
                (510, 374), (719, 374), (105, 470),
                (384, 470), (660, 470)
                ]          # 洞口位置序列
t= pygame.time.Clock()      # 将 Clock() 对象赋予 t
#### 进入循环体 ######
keep_going = True           # 游戏的主循环体是否持续的标志
```

```
i=0                                      # 洞口位置初始值
while keep_going:                        # 程序主循环
##### 捕获键盘和鼠标事件 #######
    for event in pygame.event.get():# 获取键盘或者鼠标事件
        x=holes_position[i][0]     # 将当前洞口的位置记录下来
        y=holes_position[i][1]
        if event.type ==MOUSEBUTTONDOWN: # 如果鼠标被按下
            # 判断鼠标的位置是否在出现的地鼠范围内
            locd=pygame.mouse.get_pos()
                              # 记录按下鼠标时光标的位置
            isxhit=(locd[0]>=x) and  (locd[0]<=x+60)
                              # 是否在 x 的范围内
            isyhit=(locd[1]>=y) and  (locd[1]<=y+60)
                              # 是否在 y 的范围内
            if isxhit and isyhit :  # 如果鼠标击中地鼠
                print ('第 ',i+1,' 号地鼠被击中')
                screen.blit(hpic,(x-15,y-7))
                              # 覆盖正常地鼠
                screen.blit(scalepic,(x,y+20))
                              # 把被打地鼠图片放在指定位置
                pygame.display.update()
                              # 更新屏幕，显示图片
                pygame.time.delay(200)
                              # 显示 200 毫秒，再往下
        if event.type == KEYDOWN:    # 如果鼠标被按下
            if event.key==K_ESCAPE: # 按 Esc 键退出
                print(" 退出 ")
                keep_going=False       # 不玩了，用户要退出
##### 每次循环 1 次更新屏幕，地鼠在随机位置出现 #######
    screen.blit(bg, (0,0))    # 把背景图片放在屏幕的指定位置
```

```
    i=randint(0,16)              # 生成 0,1,…,16 的随机数
    screen.blit(pic,holes_position[i])
                                 # 把地鼠图片放在屏幕的指定位置
    pygame.display.update()      # 更新屏幕,显示图片

    t.tick(1)                    #1 秒更新 1 次


pygame.quit()
```

在击落敌机的游戏中,我们将敌机出现的初始位置和每次击落后再重新生成的位置随机化。x 赋予 0~600 的随机整数,y 赋予 0~400 的随机整数,然后使用 screen.blit() 将飞机放在设置好的随机位置。

```
x=randint(0,600)              # 敌方飞机的初始位置
y=randint(0,400)
screen.blit(pic, (x,y))    # 将飞机放在初始位置处
```

在程序一开始,或者每次敌机被击落,继续玩的时候,都需要随机生成敌机的位置。敌机移动的步长也进行了随机化。x 方向上,每次移动的步长在 2、3、4 里选;y 方向上,每次移动的步长在 1、2 里选。

```
x+=randint(2,4)
y+=randint(1,2)
```

将目前击落飞机游戏的代码保存在 fighterfighthitrandom.py 文件中,如下所示。

```
import pygame                 # 导入 pygame 游戏设置库
from pygame.locals import*    # 导入鼠标和键盘事件的定义
import time                   # 导入 sleep() 函数所在的库
from random import *          # 导入 random 库,使用 randint() 函数
#### 屏幕、图片、位置等进行初始化 ##########
pygame.init()                 # 初始化 pygamge
pygame.display.set_caption('战斗机飞行') # 设置屏幕的标题
screen = pygame.display.set_mode([800,600])
                              # 初始化屏幕大小
WHITE=(255,255,255)           # 白色背景
```

```
screen.fill(WHITE)                              # 将背景初始化为白色
pic=pygame.image.load("enemyfighter.jpg")# 载入敌飞机图片
mypic=pygame.image.load("myfighter.jpg")# 载入我方飞机图片
blt=pygame.image.load("bullet.jpg")     # 载入子弹图片
bfpic=pygame.image.load("fighterbombed.jpg")
                                                # 被击中飞机样子
x=randint(0,600)                                # 敌方飞机的初始位置
y=randint(0,400)
myx=800                                         # 我方飞机的初始位置
myy=600
bx=myx                                          # 我方子弹的初始位置
by=myy


screen.blit(pic, (x,y))                         # 将敌机放在初始位置处
pygame.display.update()                         # 更新屏幕, 显示图片
t= pygame.time.Clock()                          # 将 Clock() 对象赋予 t
#### 进入循环体 ######
keep_going=True                                 # 循环体继续的标志
while keep_going:
    if x>800 or y>600:# 判断敌机飞出屏幕范围, 飞出后, 停止游戏
        keep_going=False
##### 捕获键盘和鼠标事件 #######
    for event in pygame.event.get():# 获取键盘或者鼠标事件


        if event.type ==MOUSEBUTTONDOWN: # 如果鼠标被按下
            myx=event.pos[0]    # 记录按下鼠标时光标的位置
            myy=event.pos[1]
            bx=myx                  # 子弹的位置
            by=myy
            screen.blit(mypic, (myx,myy))
```

191

```
                                            # 将飞机放在鼠标被按下的地方
          screen.blit(blt, (bx,by))
                                        # 把子弹图片放在它的位置
          pygame.display.update()    # 更新屏幕，显示图片


     if event.type == KEYDOWN:       # 获得键盘按下的事件
         if(event.key==K_UP or event.key==K_w):
             myy-=10
         if(event.key==K_DOWN or event.key==K_s):
             myy+=10
         if(event.key==K_LEFT or event.key==K_a):
             myx-=10
         if(event.key==K_RIGHT or event.key==K_d):
             myx+=10
         if event.key==K_ESCAPE: # 按 Esc 键退出
             print(" 退出 ")
             keep_going=False      # 用户不玩了，要退出
## 子弹在敌机范围内，则敌机爆炸，然后在随机位置重新生成新的敌机 ##
   if bx>=x and bx<=x+65 and by>=y and by <=y+80:
                                    # 检测子弹是否在敌机范围内
       screen.blit(bfpic, (x,y))    # 显示爆炸后的敌机
       pygame.display.update()
       time.sleep(0.5)              # 显示 0.5 秒
       x=randint(0,600)      # 敌方飞机击落后，重新生成的位置
       y=randint(0,400)
       screen.blit(pic, (x,y))      # 将飞机放在随机位置处
       by=myy                       # 子弹位置初始值
       print (" 敌机被击落 , 你赢了 ")
## 每循环 1 次，更新敌机移动步长，刷新屏幕，重新绘制相关图形 ##
   x+=randint(2,4)                      # 更新敌机移动步长
```

```
    y+=randint(1,2)
    screen.fill(WHITE)                 # 刷新屏幕
    by-=20                             # 子弹位置更新
    screen.blit(pic,(x,y))# 把敌方飞机图片放在屏幕的指定位置
    screen.blit(mypic, (myx,myy))
                        # 将我方飞机放在鼠标被按下的地方
    screen.blit(blt, (bx,by))          # 把子弹的放在相关位置
    pygame.display.update()            # 更新屏幕，显示图片
    t.tick(10)                         # 停留一会，再更换画面


pygame.quit()                          # 退出 pygame 游戏
```

9

趣味游戏

游戏的趣味性设计

我们已经完成了游戏的背景设计和游戏的交互设计。这个时候，虽然我们也能初步体验一下所设计的游戏，但感觉还缺少一些效果。为了增加游戏的趣味性，我们还可以增加很多设计。例如，增加一些声音效果，增加一个计分模块，增加游戏的进度显示和难度选择等，如图9-1所示。

本章我们将学会

（1）在游戏中增加基于鼠标事件的音效。

（2）在游戏中增加背景音乐。

（3）在游戏中显示计分字符串。

（4）在游戏中更新进度条。

（5）在游戏中获取用户选择。

（6）目标出现的位置随机化。

图 9-1　游戏的趣味性设计

最初 90% 的开发工作将会用去你最初 90% 的开发时间。剩下的 10% 的开发量将会用去你另外一个 90% 的开发时间。

——Tom Cargill

电小白:"我看别的游戏打中目标是有声音的,过程中也有比较紧张的背景音。我们的游戏还是缺乏一些打游戏的氛围。"

清青老师:"声音效果不是天然就有的,那得自己设置啊。"

电小白:"还有我打游戏打得怎么样,得了多少分也不知道。玩得不行,也可以无休止地玩下去,这都需要改进啊!"

清青老师:"是的,一个符合最终游戏者标准的游戏,从画面到声音效果,再到得分和进度标识等细节都需要精雕细琢。"

电小白:"游戏还可以做得更好啊!"

清青老师说:"需求是会越来越多的,我们先把这些趣味性的功能加上去吧(见图 9-2)。"

图 9-2　增加游戏的趣味性

9.1　增加音效

9.1.1　击中时的音效

打中地鼠时,需要有击打的声音;打中飞机时,需要有爆炸的声音。这些特效的声音在 pygame 里用 pygame.mixer.Sound() 来播放。

例如，在打中地鼠的时候，我们播放一个名为 beatdiglette.wav 的音频文件，首先把这个音频文件放在和我们运行的程序相同的目录下。然后使用 pygame.mixer.init() 初始化一下音频播放器，如同我们在使用 pygame 对象时，对其进行初始化一样；然后，把它装载在一个名为 beatsound 的变量里。

```
pygame.mixer.init()
beatsound=pygame.mixer.Sound("beatdiglette.wav")
```

如果我们检测到鼠标击中了地鼠，调用 play() 函数播放打中地鼠的声音。

```
if isxhit and isyhit :                  # 如果鼠标击中地鼠
    print ('第',i+1,'号地鼠被击中')
    screen.blit(hpic,(x-15,y-7))        # 覆盖正常地鼠
    screen.blit(scalepic,(x,y+20))
                                        # 把地鼠图片放在在屏幕指定位置
    pygame.display.update()             # 更新屏幕，显示图片
    beatsound.play()
    pygame.time.delay(200)              # 延迟 200 毫秒
```

再例如，在击中飞机的时候，我们播放一个名为 fighterExplode.wav 的音频文件，把这个音频文件放在和我们运行的程序相同的目录下。同样地，使用 pygame.mixer.init() 初始化一下音频播放器，然后装载在一个名为 bombsound 的变量里。

```
pygame.mixer.init()
bombsound=pygame.mixer.Sound("fighterExplode.wav")
```

如果我们检测到炮弹击中了敌机，调用 play() 函数播放敌机的爆炸声。

```
if bx>=x and bx<=x+65 and by>=y and by <=y+80:
                                # 检测子弹是否在敌机范围内
    screen.blit(bfpic, (x,y))   # 显示爆炸后的敌机
    pygame.display.update()
    bombsound.play()            # 敌机击中的声音
```

```
time.sleep(0.5)              # 显示 0.5 秒
x=randint(0,600)             # 敌方飞机击落重新生成的位置
y=randint(0,400)
screen.blit(pic, (x,y))      # 将飞机放在随机位置处
by=myy                       # 子弹位置初始值
print ("敌机被击落，你赢了")
```

游戏设计到这里，我们发现一个问题，就是要加载的图片资源、音频资源太多，都和程序放在同一个目录下，目录结构上显得非常凌乱。于是我们在程序的当前目录下建立一个子目录 /res/，把所有音频文件和图片文件放在这里。

但是图片和音频文件放置的位置变了，如果加载资源的程序语句不变，运行程序将会出现错误。所以我们在加载这些资源的所有语句中，把资源的目录结构改进去。

打地鼠游戏的加载资源目录的程序更改如下所示。

```
bg=pygame.image.load("res/Diglettbg.jpg")   # 载入背景图片
pic=pygame.image.load("res/diglett.jpg")     # 载入地鼠图片
hpic=pygame.image.load("res/hole.jpg")       # 载入洞口图片
beatsound=pygame.mixer.Sound("res/beatdiglette.wav")
                                             # 击打时的声音
```

击落飞机游戏的加载资源目录的程序更改如下所示。

```
pic=pygame.image.load("res/enemyfighter.jpg")
                                  # 载入敌方飞机图片
mypic=pygame.image.load("res/myfighter.jpg")
                                  # 载入我方飞机图片
blt=pygame.image.load("res/bullet.jpg")
                                  # 载入子弹图片
bfpic=pygame.image.load("res/fighterbombed.jpg")
                                  # 被击中飞机样子
bombsound=pygame.mixer.Sound("res/fighterExplode.wav")
                                  # 加载声音文件
```

9.1.2　背景音效

有的游戏玩家在玩游戏的过程中，喜欢有背景音乐。pygame 只允许在同一个时刻加载一个背景音乐，不能同时播放两个背景音乐。

加载背景音乐用 pygame.mixer.music.load()，之后调用 pygame.mixer.music.play() 方法可以播放背景音乐。该方法播放背景音乐可以设置两个参数：第一个参数为播放背景音乐的次数（-1 表示无限循环），第二个参数是设置播放背景音乐的时间起点（单位为秒）。

打地鼠游戏的背景音乐设置如下。播放音频文件为 bgdig.mp3，程序运行开始播放，循环完了再重新播放，无限循环下去。

```
pygame.mixer.music.load('res/bgdig.mp3')
                           # 加载背景音乐文件 bgdig.mp3
pygame.mixer.music.play(-1, 0.0)
                           # 程序运行开始播放，无限循环
```

击落飞机游戏的背景音乐设置如下。播放音频文件为 bgfighter.mp3，从程序运行 1.2 秒后开始播放，播放 1 次。

```
pygame.mixer.music.load('res/bgfighter.mp3')
                           # 加载背景音乐文件 bgfighter.mp3
pygame.mixer.music.play(1, 1.2)
                           # 程序运行 1.2 秒开始播放，播放 1 次
```

9.2　增加竞技性

9.2.1　计分模块

玩没有计分的游戏犹如做一份没有任何回馈的工作，时间长了，无聊至极。看到自己的分值增加，游戏玩家会有一种从内而外的成就感，如图 9-3 所示。

图 9-3　计分模块

在打地鼠的游戏中，每打中一只地鼠，就增加 10 分。分值的变量为 scoredig，初始值为 0。

```
scoredig=0                         # 初始分值为 0
scoredig+=10                       # 每打中一只，加 10 分
```

打中地鼠，增加 10 分，放在是否打中地鼠 if 判断语句中，如：

```
if isxhit and isyhit :             # 如果鼠标击中地鼠
    print ('第 ',i+1,' 号地鼠被击中 ')
    screen.blit(hpic,(x-15,y-7))   # 覆盖正常地鼠
    screen.blit(scalepic,(x,y+20))
                                   # 把地鼠图片放在指定位置
    pygame.display.update()        # 更新屏幕，显示图片
    scoredig+=10                   # 击中后，游戏分值增加 10 分
    beatsound.play()               # 播放打中地鼠的声音
    pygame.time.delay(200)         # 延迟 200 毫秒
```

在击落飞机的游戏中，每击中一次飞机，就增加 10 分。分值的变量为 scorefighter，初始值为 0。

```
scorefighter=0                     # 初始分值为 0
scorefighter+=10                   # 每打中一次，加 10 分
```

击中一次飞机增加 10 分，放在是否打中飞机的 if 判断语句中，如下所示。

```
if bx>=x and bx<=x+65 and by>=y and by <=y+80:
                                    # 检测子弹是否在敌机范围内
    screen.blit(bfpic, (x,y))   # 显示爆炸后的敌机
    pygame.display.update()
    bombsound.play()            # 敌机击中的声音
    scorefighter+=10            # 每打中一次，加 10 分
    time.sleep(0.5)             # 显示 0.5 秒
    x=randint(0,600)        # 敌方飞机击落后，重新生成的位置
    y=randint(0,400)
    screen.blit(pic, (x,y))      # 将飞机放在随机位置处
    by=myy                      # 子弹位置重新赋值
    print ("敌机被击落，你赢了")
```

现在分值都计算好了，但我们并没有在屏幕上看到分值。如何把分值显示出来呢?

首先把要显示的文本拼接起来。我们需要调用 str() 函数把整数的分值变成字符串的分值，然后和提示文字一起拼接在 score_string 变量里。

```
score_string="Your Score is:"+str(scorefighter)
```

在 pygame 中实现文本的输出，需要 pygame.font 模块。我们设置要显示文字的字体和大小需要用到这个模块。我们把在 pygame 中要输出的字体设置为 Times New Roman，字号大小为 36，将这样的设置使用 SysFont() 保存在一个名为 font 的变量里，如下所示。

```
font = pygame.font.SysFont("Times",36)
```

为了将文本输出在界面上，我们需要设置输出的文本的相关参数，包括文本内容，是否需要字体平滑一些，以及字体颜色。使用 render()，设置好这 3 个参数，把它的结果保存在变量 textdig 里。该变量相当于保存了一个有输出文本的图片。在下面的语句中，设置了 score_string 的字符串用白色显示。

```
textdig = font.render(score_string, True, WHITE)
```

到这里，有一个问题，pygame 输出的文本要占用多大的屏幕范围呢? 长的文本需要较多的像素来显示，短的文本需要的显示像素就不多，pygame 不能自动识别，也需要设置。我们使用 get_rect() 函数生成要显示的文本的区域大小，

如下所示。

```
textdig_rect = textdig.get_rect()
```

get_rect() 返回的是输出文本自身区域的长和宽，我们还需要设置拟输出文本在屏幕中的位置。水平方向把要输出的文本放在屏幕的中央；垂直方向输出的文本离屏幕上边线 15 像素。这样 textdig_rect 在屏幕中的位置就确定了。

```
textdig_rect.centerx = screen.get_rect().centerx
textdig_rect.y = 15
```

有了要输出文本的图形区域对象 textdig，也找到了输出文本的位置 textdig_rect，这时就可以使用 blit() 函数把包含要显示文本的图片放在相应的位置。

```
screen.blit(textdig, textdig_rect)
```

把上述要在 pygame 中显示文本的代码，单独放在 Gametext.py 文件中验证一下。

```
import pygame                        # 导入 pygame 游戏设置库
import time                          # 导入时间库
#### 屏幕、颜色值、变量等进行初始化 ###########
pygame.init()                        # 初始化 pygame
pygame.display.set_caption(' 文本显示 ')   # 设置屏幕的标题
screen = pygame.display.set_mode([300,200])# 初始化屏幕大小
WHITE=(255,255,255)                  # 白色
BLACK=(0,0,0)
scorefighter=0                       # 初始分值为 0
# 循环 101 遍，实现从 0 显示到 100
for i in range(101):
    screen.fill(BLACK)               # 刷新屏幕为黑色
    score_string="Your Score is:"+str(scorefighter)
                                     # 生成要显示的字符串
    font = pygame.font.SysFont("Times", 36)
                                     # 字符串的字体和大小设置
    textft = font.render(score_string, True, WHITE)
                                     # 生成字符串的图片对象
```

```
    textft_rect = textft.get_rect()
                            # 字符串的范围
    textft_rect.centerx = screen.get_rect().centerx
                            # 设置字符串区域的水平位置：屏幕中间
    textft_rect.y = 15      # 设置字符串区域的垂直位置
    screen.blit(textft, textft_rect)
                            # 把字符串放在屏幕相应位置
    pygame.display.update()     # 更新屏幕，显示这次的图片
    scorefighter+=1             # 分值加 1
    time.sleep(1)               # 屏幕停留 1 秒

pygame.quit()                   # 退出 pygame 游戏
```

运行 Gametext.py，显示界面从 0 开始每秒钟会增加 1，直到 100，如图 9-4 所示。

图 9-4　计分模块的演示

上述这段代码运行成功后，可以将计分模块放在游戏中了。打地鼠游戏 beatDiglettscore.py 和击落飞机游戏 fighterfighthitscore.py 中，每次分值变化时，输出分值文本的模块就应该刷新一次。因此，除了在分值初始化时要放一段上述的计分模块之外，还需要在循环体分值增加时放一段这样的代码。

9.2.2　游戏进度

玩游戏永远不失败，这样玩起来也没有挑战性。我们需要设置一个游戏结束的规则：用户失误达到一定程度的时候，就中止游戏。例如，打地鼠游戏的生命

值初始为 100 分，如果有一次没有打中，就扣 10 分；扣为 0 分后，就退出游戏，如图 9-5 所示。

图 9-5　游戏进度

在没有进入循环之前，将标识是否打中的布尔变量 ishit 设置为 False；在后面鼠标检测事件发现打中后，设置为 True；重新一次循环，再一次设置为 False。

第一次进入循环体后，因为地鼠还没有出来，lives 是不减少的。有地鼠出来后，就不是第一次循环了，isfirstime 变为 False。这个时候，如果再打不中，就得扣分了。

```
if isfirsttime==False:
    if ishit==False:
        lives-=10
```

击落敌机游戏，初始值也是 100 分。敌机从上而来，我方飞机在下方攻击。如果子弹没有打中敌机，而飞离了敌机，那就是子弹在垂直方向的坐标 by 小于了敌机的 y 坐标，这个时候就扣 10 分。

```
if isfirsttime==False:        # 如果不是第一次进入循环
    if by<y:                  # 如果子弹垂直方向上飞离了敌机
        nothit=True           # 就是没有打中
    if nothit==True and hascount==False:
                              # 如果没有打中，且还没有扣分
```

```
        lives-=10              # 生命值 lives 减少 10 分
        hascount=True          # 标志已经扣分
```

如果敌机飞出了屏幕，也扣 10 分。这也是我们的游戏死亡进度的规则。

```
if x>800 or y>600:  # 判断敌机是否飞出屏幕范围，飞出后，扣分
    lives-=10
    nothit=True
```

我们用绿色进度条来表示生命值进度；用红色进度条来表示死亡进度。在
Gameprogress.py 的程序里，我们实现了游戏进度条的演示。

在游戏开始时，生命值 lives 为 100，那么死亡值为 100-lives，即是 0。然后，
我们将生命值的绿色进度条导入到 livesprg 变量里；将载入死亡值的红色进度条
导入 deathprg 变量。屏幕的左上角（300，0）的位置显示绿色进度条。

```
lives=100
livesprg = pygame.image.load("res/greenprogress.jpg")
                            # 载入生命值进度条
deathprg= pygame.image.load("res/redprogress.jpg")
                            # 载入死亡值进度条
screen.blit(livesprg, (300,0))
pygame.display.update()       # 更新屏幕，显示图片
```

在游戏进行过程中，我们需要根据生命值 lives 的变化，更新生命值的进度
条和死亡值的进度条。transform.scale() 可以将图形按照要求放大或者缩小，如
图 9-6 所示。

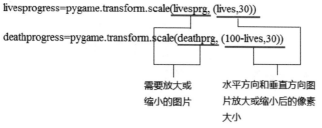

图 9-6 图形放大和缩小的参数设置

随着生命值 lives 的减少，进度条的垂直方向的宽度是不变的，始终为 30 像素；
但水平方向的长度是变化的。绿色进度条随着 lives 的减少而减少；红色进度条
随着 lives 的减少而增加，红色进度条的长度值为 100-lives。

　　我们把绿色进度条减少后的图形保存在 livesprogress，将红色进度条增加后的图形保存在 deathprogress，然后调用 blit() 函数。

```python
import pygame                       # 导入 pygame 游戏设置库
from pygame.locals import *         # 导入鼠标和键盘事件的定义
import time                         # 导入 time 模块
#### 屏幕、图片、位置等进行初始化 ##########
pygame.init()                       # 初始化 pygamge
pygame.display.set_caption(' 进度条演示 ')   # 设置屏幕的标题
screen = pygame.display.set_mode([400,300])# 设置屏幕大小
lives=100                           # 设置生命值初始值
livesprg = pygame.image.load("res/greenprogress.jpg")
                                    # 载入生命值进度条

deathprg= pygame.image.load("res/redprogress.jpg")
                                    # 载入死亡值进度条

screen.blit(livesprg, (300,0)) # 初始进度条的显示
pygame.display.update()             # 更新屏幕，显示图片

while lives>=0:                     # 生命值大于 0 时循环
    livesprogress=pygame.transform.scale(livesprg,
(lives,30))                        # 生成变化后的生命值进度条
    deathprogress=pygame.transform.scale(deathprg,
(100-lives,30))                    # 生成变化后的死亡值进度条
    screen.blit(livesprogress, (300,0))
                # 将生命值进度条放在 (300,0) 的位置
    screen.blit(deathprogress, (300+lives,0))
                # 将死亡值进度条放在 (300+lives,0) 的位置
    time.sleep(1)                   # 停留 1 秒
    pygame.display.update()         # 更新屏幕，显示图片
    lives-=10                       # lives 值继续减少

pygame.quit()                       # 退出 pygame 游戏
```

上述这段代码运行成功后，可以将游戏进度模块放在游戏中了。打地鼠游戏 beatDiglettlives.py 和击落飞机游戏 fighterfighthitlives.py 中，每次生命值 lives 变化时，输出进度条就应该刷新一次。因此，除了在生命值初始化时要放一段上述的进度条模块之外，还需要在循环体生命值变化时再放一段这样的代码。

9.2.3　难度选择

一个游戏在玩熟了后，逐渐变得没有挑战性，我们就不愿意玩了。所以好玩的游戏，通常会设置难度等级，让用户一级级地去通关。这样，用户挑战游戏高难度的欲望就被激发出来了，就更愿意玩了。

这里，我们设置在游戏的一开始，让用户选择难度等级。难度等级可以分为 3 等：初级水平、中级水平、高级水平，分别对应着 hardchoice 为 1、2、3。这里我们需要载入 4 种图片：等待用户选择的图片、用户选择了初级水平的图片、用户选择了中级水平的图片和用户选择了高级水平的图片，如图 9-7 所示。

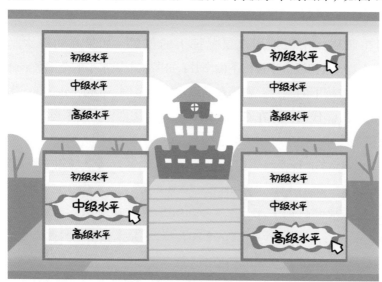

图 9-7　难度选择的图片

载入这些图片的代码如下所示。

```
choicepic = pygame.image.load("res/hardchoice.jpg")
                                    # 载入难度选择图片
```

```
primarypic = pygame.image.load("res/hardchoiceprimary.
jpg")                                    # 载入初级水平图片
 middlepic = pygame.image.load("res/hardchoicemiddle.
jpg")                                    # 载入中级水平图片
 advancedpic = pygame.image.load("res/hardchoiceadvanced.
jpg")                                    # 载入高级水平图片

 screen.blit(choicepic, (100,100))       # 呈现用户选择界面
 pygame.display.update()                 # 更新屏幕，显示图片
```

设置一个布尔变量 makechoice 判断用户是否完成选择。其初始值为 True，标志着循环体等待用户选择。

```
makechoice=True                          # 判断是否完成难度选择
```

用户选择的难度初始值为 1，即初级水平，当用户做出自己的选择后，再重新赋值。

```
hardchoice=1
```

我们在循环体中识别用户鼠标按下的位置。如果在初级水平的范围，hardchoice=1，载入初级水平被按下的图片；如果在中级水平的范围，hardchoice=2，载入中级水平被按下的图片；如果在高级水平的范围，hardchoice=3，载入高级水平被按下的图片。代码保存在 Gamehardchoice.py 文件中，大家运行一下，看一下选择响应和效果。

```
while makechoice:                        # 等待用户完成难度选择
    for event in pygame.event.get():#获取键盘或者鼠标事件
        if event.type ==MOUSEBUTTONDOWN: # 如果鼠标被按下
            cx=event.pos[0]     #记录按下鼠标时光标的位置
            cy=event.pos[1]
            if cx>=300 and cx<=550:
                             # 检测光标位置，水平位置进入范围
                if cy>=160 and cy<=190:
                             # 检测垂直位置是否在初级水平处
                    screen.blit(primarypic, (100,100))
```

```
                                # 将初级水平图片放置在相应位置
                hardchoice=1
                                # 记录用户的选择，用户选择为 1
        if    cy>=195 and cy<=225:
                                # 检测垂直位置是否在中级水平处
                screen.blit(middlepic, (100,100))
                                # 将中级水平图片放置在相应位置
                hardchoice=2
                                # 记录用户的选择，用户选择为 2
        if    cy>=230 and cy<=260:
                                # 检测垂直位置是否在高级水平处
                screen.blit(advancedpic, (100,100))
                                # 将高级水平图片放置在相应位置
                hardchoice=3
                                # 记录用户的选择，用户选择为 3
        pygame.display.update()    # 更新屏幕，显示图片
```

用户完成选择后，我们一定要记着将 makechoice 设置为 False，然后退出循环。

hardchoice 值如何影响游戏的难度呢？大家可能都能想到，游戏画面刷新越快，需要用户的反映速度越快，感觉越难。

在打地鼠的游戏中，我们用 pygame 库的 time 对象中的 tick() 函数控制程序画面的刷新速度。hardchoice 为 1 的时候是初级水平，每秒钟刷新 1 次，一只地鼠出洞；hardchoice 为 2 的时候是中级水平，每秒钟刷新 2 次，两只地鼠出洞；hardchoice 为 3 的时候是高级水平，每秒钟刷新 3 次，3 只地鼠出洞，如下所示。

```
t= pygame.time.Clock()          # 将 Clock() 对象赋予 t
t.tick(hardchoice)
```

在击落飞机的游戏中，随着难度的增加，敌机移动的速度将加快。hardchoice 为 1 的时候是初级水平，每秒钟刷新 10 次；hardchoice 为 2 的时候是中级水平，每秒钟刷新 20 次，敌机每次移动的步长是初级水平的 2 倍；hardchoice 为 3 的时候是高级水平，每秒钟刷新 30 次，敌机每次移动的步长是初

级水平的 3 倍，如下所示。

```
x+=hardchoice*randint(2,4)        # 加快敌机移动步长
y+=hardchoice*randint(1,2)


t.tick(10*hardchoice)             # 每秒刷新画面的次数
```

9.3　游戏代码整体解析

　　我们将各代码模块汇总起来，但是游戏不一定可以运行顺畅，还需要进行必要的调试和测试。这样可以发现一些模块间配合的逻辑问题和游戏运行的问题。在解决这些问题的时候，可以在程序中使用 print 查看游戏运行过程中变量的值，看看它是否正确，是否符合预期。把这些问题一一解决，就可以玩自己编写的游戏了。

　　如果你有进一步的想法，可以在此基础上进行完善。因为代码没有最好，只有更好。

　　另外，我们看到，如图 9-8 所示，人们总喜欢体验不同类型的游戏。打地鼠和击落飞机虽然是两个不同的游戏，但基本代码模块和设计思路有很多相似的地方。同样的思路也可以应用到其他游戏中。如果大家有兴趣的话，可以自己编写一个类似的游戏。在编程的过程中，可以把 Python 基础书籍和上网查询提问作为解决问题的常用途径。

图 9-8　游戏爱好者

9.3.1　打地鼠游戏

打地鼠游戏如图 9-9 所示。我们现在把打地鼠游戏的所有代码汇总起来，保存在 beatDiglettwhole.py 文件中。其实下面代码中的每一句在前面都有解析和讲述。这里我们再次用注释的方式给大家讲解一下。

图 9-9　打地鼠游戏

```
#beatDiglettwhole.py  by wangzhenshi #备注程序名称和作者
import pygame                    #导入pygame游戏设置库
from pygame.locals import *    #导入鼠标和键盘事件的定义
import time                      #导入sleep()函数所在的库
from random import *          #导入random库，使用randint()函数
#### 屏幕、颜色等进行初始化 ##########
pygame.init()                    #初始化pygamge
pygame.display.set_caption('打地鼠游戏')    #设置屏幕的标题
screen = pygame.display.set_mode([800,600]) #初始化屏幕大小
WHITE=(255,255,255)                      #颜色初始化
GREEN=(0,255,0)
RED=(255,0,0)
screen.fill(WHITE)              #背景初始化为白色
#### 难度选择 #################
choicepic = pygame.image.load("res/hardchoice.jpg")
                                #载入难度选择图片
primarypic=pygame.image.load("res/hardchoiceprimary.
```

```
jpg")                          # 载入初级水平图片
   middlepic=pygame.image.load("res/hardchoicemiddle.
jpg")                          # 载入中级水平图片
   advancedpic = pygame.image.load("res/hardchoiceadvanced.
jpg")                          # 载入高级水平图片
   screen.blit(choicepic, (100,100))   # 呈现用户选择界面
   pygame.display.update()             # 更新屏幕，显示图片
   makechoice=True                     # 判断是否完成难度选择
   hardchoice=1                        # 难度选择初始值为一
   while makechoice:                   # 等待用户选择
       for event in pygame.event.get(): # 获取键盘或者鼠标事件
           if event.type ==MOUSEBUTTONDOWN: # 如果鼠标被按下
               cx=event.pos[0]         # 记录按下鼠标时光标的位置
               cy=event.pos[1]
               if cx>=300 and cx<=520:
                           # 检测光标位置，水平位置进入范围
                   if  cy>=150 and cy<=180:
                           # 检测垂直位置是否在初级水平处
                       screen.blit(primarypic, (100,100))
                           # 将初级水平图片放置于相应位置
                       hardchoice=1
                           # 记录用户的选择，用户选择为 1
                   if  cy>=200 and cy<=230:
                           # 检测垂直位置是否在中级水平处
                       screen.blit(middlepic, (100,100))
                           # 将中级水平图片放置于相应位置
                       hardchoice=2
                           # 记录用户的选择，用户选择为 2
                   if  cy>=250 and cy<=280:
                           # 检测垂直位置是否在高级水平处
```

```
        screen.blit(advancedpic,(100,100))
                # 将高级水平图片放置于相应位置
        hardchoice=3
                # 记录用户的选择，用户选择为3
    pygame.display.update()   # 更新屏幕，显示图片
    makechoice=False          # 完成选择
print (hardchoice)
#### 载入游戏初始画面 #################
bg = pygame.image.load("res/Diglettbg.jpg")
                # 设置打地鼠的背景图片
screen.blit(bg, (0,0))    # 把背景图片放在屏幕的指定位置
pic = pygame.image.load("res/diglett.jpg")# 载入地鼠图片
hpic = pygame.image.load("res/hole.jpg")   # 载入洞口图片
scalepic=pygame.transform.scale(pic, (50,25))# 图片压缩
#### 载入游戏音效 #################
pygame.mixer.init()              # 增加声音特效
beatsound=pygame.mixer.Sound("res/beatdiglette.wav")
                    # 击打时的声音
pygame.mixer.music.load('res/bgdig.mp3')
                    # 加载背景音乐文件
pygame.mixer.music.play(-1, 0.0)
# 播放背景音乐，第一个参数为播放的次数（-1表示无限循环），
# 第二个参数是设置播放的起点（单位为秒）
####17个洞口位置序列 #################
holes_position = [(218, 120), (380, 124), (540, 124),
            (140, 204), (310, 204), (480, 204),
            (656, 204), (190, 287), (395, 287),
            (600, 287), (60, 375), (280,375),
            (510, 374), (719, 374), (105, 470),
            (384, 470), (660, 470)]
```

213

```
#### 设置计分模块 #################
scoredig=0                        # 游戏分值初始值
score_string="Your Score is:"+str(scoredig)# 生成分值字符串
font = pygame.font.SysFont("Times", 24) # 设置字体和大小
textdig = font.render(score_string, True, WHITE)
                                  # 指定字符串颜色,生成文本图片
textdig_rect = textdig.get_rect()    # 文本图片的大小范围
textdig_rect.centerx = screen.get_rect().centerx
                                  # 设置文本图片中心的位置
textdig_rect.y = 10               # 设置文本图片垂直位置
screen.blit(textdig, textdig_rect)# 将文本图片放在指定位置
pygame.display.update()           # 更新屏幕,显示图片
#### 载入进度条模块 #################
lives=100                         # 生命值初始值为 100
livesprg = pygame.image.load("res/greenprogress.jpg")
                                  # 载入绿色进度条图片
deathprg= pygame.image.load("res/redprogress.jpg")
                                  # 载入红色进度条图片
screen.blit(livesprg, (700,0)) # 将绿色进度条放在指定位置
pygame.display.update()           # 更新屏幕,显示图片
#### 进入循环体变量初始化 ######
keep_going = True                 # 游戏的主循环体是否持续的标志
i=0                               # 洞口初始值
t= pygame.time.Clock()            # 将 Clock() 对象赋予 t
nothit=True                       # 是否打中布尔变量
isfirsttime=True                  # 是否首次进入循环体布尔变量
while keep_going:                 # 程序主循环
##### 捕获键盘和鼠标事件 #######
    for event in pygame.event.get():# 获取键盘或者鼠标事件
        x=holes_position[i][0]   # 将当前洞口的位置记录下来
```

```
        y=holes_position[i][1]
        if event.type == MOUSEBUTTONDOWN:
            # 如果鼠标被按下判断鼠标的位置是否在出现的地鼠范围内
            locd=pygame.mouse.get_pos()
                            # 记录按下鼠标时光标的位置
            isxhit=(locd[0]>=x) and (locd[0]<=x+60)
                            # 是否在 x 的范围内
            isyhit=(locd[1]>=y) and (locd[1]<=y+60)
                            # 是否在 y 的范围内
        if  isxhit and isyhit :      # 如果鼠标击中地鼠
            print(' 第 ',i+1,' 号地鼠被击中 ')
            screen.blit(hpic,(x-15,y-7))# 覆盖正常地鼠
            screen.blit(scalepic,(x,y+20))
                            # 把地鼠图片放在屏幕指定位置
            nothit=False    # 地鼠被击中, nothit 为 False
            scoredig+=10    # 击中后, 游戏分值增加 10 分
            beatsound.play()      # 播放打中地鼠的声音
            pygame.display.update()# 更新屏幕, 显示图片
            pygame.time.delay(200)# 延迟 200 毫秒
        if event.type == KEYDOWN:      # 如果鼠标被按下
            if event.key==K_ESCAPE:    # 按 Esc 键退出
                print(" 退出 ")
                keep_going=False      # 不玩了, 用户要退出
#### 如果没有打中地鼠, 生命值减少 ######
    if isfirsttime==False:
        if nothit==True:
            lives-=10                  # 生命值减少 10 分
    print(nothit,lives)
##### 每循环 1 次更新屏幕, 地鼠在随机位置出现 #######
    screen.blit(bg, (0,0))    # 把背景图片放在屏幕的指定位置
```

```
    i=randint(0,16)                    # 生成 0,1,…,16 的随机数
    nothit=True                        # 重置，下一次是否打中标识
    isfirsttime=False                  # 已经不是第一次了
    screen.blit(pic,holes_position[i])
                            # 把地鼠图片放在屏幕的指定位置
### 重新绘制分值 ######
    score_string="Your Score is:"+str(scoredig)
                            # 生成分值字符串
    font = pygame.font.SysFont("Times", 24)
                            # 设置字体和大小
    textdig = font.render(score_string, True, WHITE)
                            # 指定字符串颜色生成文本图片
    textdig_rect = textdig.get_rect() # 文本图片的大小范围
    textdig_rect.centerx = screen.get_rect().centerx
                            # 设置文本图片中心的位置
    textdig_rect.y = 10     # 设置文本图片垂直位置
    screen.blit(textdig, textdig_rect)
                            # 将文本图片放在指定位置
#### 重新刷新生命值进度条和死亡值进度条 ######
    livesprogress=pygame.transform.scale(livesprg,
(lives,30))                 # 绿色进度条随 lives 变化
    deathprogress=pygame.transform.scale(deathprg,
(100-lives,30))             # 红色进度条随 100-lives 变化
    screen.blit(livesprogress, (700,0))
                            # 将绿色进度条放置在相应位置
    screen.blit(deathprogress, (700+lives,0))
                            # 将红色进度条放置在相应位置
    # 生命值小于 0 时，退出循环
    if lives<=0:
        keep_going=False
```

```
        print(' 你的游戏分值为：',scoredig)
    pygame.display.update()          # 更新屏幕，显示图片
        t.tick(hardchoice)           # 1 秒更新 hardchoice 次
# 画面停留 2 秒后退出
time.sleep(2)
pygame.quit()
```

9.3.2　击落飞机游戏

击落飞机游戏如图 9-10 所示。我们现在把击落飞机游戏的所有代码汇总起来，保存在 fighterfightWhole.py 文件中。这里我们再次用注释的方式给大家讲解一下。

图 9-10　击落飞机游戏

```
#fighterfightWhole.py    by wangzhenshi
import pygame                      # 导入 pygame 游戏设置库
from pygame.locals import *        # 导入鼠标和键盘事件的定义
import time                # 导入 sleep() 函数所在的库
from random import *       # 导入 random 库，使用 randint() 函数
#### 屏幕、颜色等进行初始化 ##########
pygame.init()                      # 初始化 pygamge
pygame.display.set_caption(' 战斗机飞行 ')   # 设置屏幕的标题
```

```
screen = pygame.display.set_mode([800,600])
                                # 初始化屏幕大小
WHITE=(255,255,255)             # 白色背景
BLACK=(0,0,0)                   # 黑色
screen.fill(WHITE)             # 将背景初始化为白色
#### 难度选择 ################
choicepic = pygame.image.load("res/hardchoice.jpg")
                                # 载入难度选择图片
primarypic = pygame.image.load("res/hardchoiceprimary.
jpg")                          # 载入初级水平图片
middlepic =  pygame.image.load("res/hardchoicemiddle.
jpg")                          # 载入中级水平图片
advancedpic = pygame.image.load("res/hardchoiceadvanced.
jpg")                          # 载入高级水平图片
screen.blit(choicepic, (100,100))   # 呈现用户选择界面
pygame.display.update()        # 更新屏幕，显示图片
makechoice=True                # 判断是否完成难度选择
hardchoice=1                   # 难度选择初始值为 1
while makechoice:              # 等待用户选择
   for event in pygame.event.get(): # 获取键盘或者鼠标事件
      if event.type == MOUSEBUTTONDOWN:
                                # 如果鼠标被按下
         cx=event.pos[0]       # 记录按下鼠标时光标的位置
         cy=event.pos[1]
         if cx>=300 and cx<=520:
                                # 检测光标位置，水平位置进入范围
            if cy>=150 and cy<=180:
                                # 检测垂直位置是否在初级水平处
               screen.blit(primarypic,(100,100))
                                # 将初级水平图片放置在相应位置
```

```
                        hardchoice=1
                                # 记录用户的选择，用户选择为 1
                if cy>=200 and cy<=230:
                                # 检测垂直位置是否在中级水平处
                        screen.blit(middlepic, (100,100))
                                # 将中级水平图片放置在相应位置
                        hardchoice=2
                                # 记录用户的选择，用户选择为 2
                if cy>=250 and cy<=280:
                                # 检测垂直位置是否在高级水平处
                        screen.blit(advancedpic,(100,100))
                                # 将高级水平图片放置在相应位置
                        hardchoice=3
                                # 记录用户的选择，用户选择为 3
                pygame.display.update()     # 更新屏幕，显示图片
                makechoice=False
                                # 已经完成选择，退出用户选择界面
print (hardchoice)
#### 载入游戏初始画面 #################
pic = pygame.image.load("res/enemyfighter.jpg")
                                # 载入敌方飞机图片
mypic = pygame.image.load("res/myfighter.jpg")
                                # 载入我方飞机图片
blt =  pygame.image.load("res/bullet.jpg")
                                # 载入子弹图片
bfpic =  pygame.image.load("res/fighterbombed.jpg")
                                # 被击中飞机样子
x=randint(0,600)          # 敌方飞机的初始位置
y=randint(0,400)
myx=800                   # 我方飞机的初始位置
```

219

```
myy=600
bx=myx                              # 我方子弹的初始位置
by=myy
screen.blit(pic, (x,y))             # 将敌机放在初始位置处
#### 载入游戏音效 #################
pygame.mixer.init()                 # 增加声音特效初始化
bombsound=pygame.mixer.Sound("res/fighterExplode.wav")
# 将飞机爆炸声载入 bombsound 变量
pygame.mixer.music.load('res/bgfighter.mp3')
# 加载背景音乐文件 bgfighter.mp3
pygame.mixer.music.play(1, 1.2)
# 程序运行 1.2 秒开始播放，播放 1 次
#### 载入计分模块 #################
scorefighter=0                      # 初始分值为 0
score_string="Your Score is:"+str(scorefighter)
                                    # 生成分值字符串
font = pygame.font.SysFont("Times", 24)    # 设置字体和大小
textft = font.render(score_string, True, BLACK)
                                    # 指定字符串颜色，生成文本图片
textft_rect = textft.get_rect()# 文本图片的大小范围
textft_rect.centerx = screen.get_rect().centerx
                                    # 设置文本图片中心的位置
textft_rect.y = 10                  # 设置文本图片垂直位置
screen.blit(textft, textft_rect) # 将文本图片放在指定位置
#### 载入进度条模块 #################
lives=100                           # 生命值初始值为 100
livesprg = pygame.image.load("res/greenprogress.jpg")
                                    # 载入生命值进度条
deathprg= pygame.image.load("res/redprogress.jpg")
                                    # 载入死亡值进度条
```

```
screen.blit(livesprg, (700,0)) # 将绿色进度条放在指定位置
pygame.display.update()              # 更新屏幕, 显示图片
#### 进入循环体变量初始化 ######
nothit=False                          # 布尔变量标识是否打中
isfirsttime=True                      # 布尔变量是否首次进入循环体
hascount=False                        # 标志生命值是否已经扣过分
t=pygame.time.Clock()                 # 将 Clock() 对象赋予 t
#### 进入循环体 ######
keep_going=True                       # 循环体是否继续的标志
while keep_going:
    if x>800 or y>600:# 判断敌机是否飞出屏幕范围。飞出后, 则
                      # 减生命值
        lives-=10
        nothit=True          # 标识没有打中
        x=randint(0,600)     # 敌方飞机击落后, 重新生成位置
        y=randint(0,400)
        screen.blit(pic, (x,y))# 将飞机放在随机位置处
##### 捕获键盘和鼠标事件 #######
    for event in pygame.event.get():
        if event.type ==MOUSEBUTTONDOWN: # 如果鼠标被按下
            myx=event.pos[0]   # 记录按下鼠标时光标的位置
            myy=event.pos[1]
            bx=myx                        # 子弹初始位置记录
            by=myy
            hascount=False                # 是否扣过分重置为否
            screen.blit(mypic, (myx,myy))
                              # 将飞机放在鼠标被按下的地方
            screen.blit(blt, (bx,by))
                              # 把子弹图片放在它的位置
            pygame.display.update() #更新屏幕, 显示图片
```

```
if event.type == KEYDOWN:
    # 获得键盘按下的事件，调整我方飞机位置
    if(event.key==K_UP or event.key==K_w):
        myy-=10
    if(event.key==K_DOWN or event.key==K_s):
        myy+=10
    if(event.key==K_LEFT or event.key==K_a):
        myx-=10
    if(event.key==K_RIGHT or event.key==K_d):
        myx+=10
    if event.key==K_ESCAPE: # 按 Esc 键退出
        print(" 退出 ")
        keep_going=False # 不玩了，用户要退出
    screen.blit(pic,(x,y))# 把敌方飞机图片放在
                          # 屏幕的指定位置
    screen.blit(mypic, (myx,myy))
                    # 将我方飞机放在鼠标被按下的地方
    bx=myx              # 子弹位置初始化
    by=myy
    screen.blit(blt, (bx,by)) # 把子弹的放在
                              # 相关位置
    hascount=False        # 是否扣过分，重置为否
    # 子弹在敌机范围内，则敌机爆炸，然后在随机位置重新生成新的敌机 #
    if bx>=x and bx<=x+65 and by>=y and by <=y+80:
                          # 检测子弹是否在敌机范围内
        screen.blit(bfpic, (x,y))   # 显示爆炸后的敌机
        bombsound.play()            # 敌机击中的声音
        scorefighter+=10            # 每打中一个，加 10 分
        pygame.display.update()     # 更新屏幕，显示图片
```

```
    time.sleep(0.5)                 # 显示 0.5 秒
    x=randint(0,600)            # 敌方飞机击落重新生成的位置
    y=randint(0,400)
    screen.blit(pic, (x,y))      # 将飞机放在随机位置处
    by=myy                       # 子弹位置重新赋值
    nothit=False       # 是否打中标志重置为否,重新来一遍
    print ("敌机被击落,你赢了")
#### 如果没有打中敌机,生命值减少 ######
    if isfirsttime==False:
        if by<y:                     # 子弹飞离敌机
            nothit=True
        if nothit==True and hascount==False:
                            # 如果没有打中,减生命值 10 分
            lives-=10
            hascount=True            # 已经扣了生命值
    print (nothit,lives)             # 调试用信息
## 每循环 1 次,更新敌机移动步长,刷新屏幕,重新绘制相关图形 ##
    x+=hardchoice*randint(2,4)       # 更新敌机移动步长
    y+=hardchoice*randint(1,2)
    screen.fill(WHITE)               # 刷新屏幕
    by-=20                           # 子弹位置更新
    isfirsttime=False
    screen.blit(pic,(x,y))# 把敌方飞机图片放在屏幕的指定位置
    screen.blit(mypic, (myx,myy))    # 将我方飞机放在鼠标被
                                     # 按下的地方
    screen.blit(blt, (bx,by))        # 把子弹的放在相关位置
### 重新绘制分值 ######
    score_string="Your Score is:"+str(scorefighter)
                                     # 生成分值字符串
    font = pygame.font.SysFont("Times", 24)
```

223

```
                                    # 设置字体和大小
    textft = font.render(score_string, True, BLACK)
                                    # 指定字符串颜色，生成文本图片
    textft_rect = textft.get_rect() # 文本图片的大小范围
    textft_rect.centerx = screen.get_rect().centerx
                                    # 设置文本图片中心的位置
    screen.blit(textft, textft_rect)# 将文本图片放在指定位置
    #### 重新刷新生命值进度条和死亡值进度条 ######
     livesprogress=pygame.transform.scale(livesprg,
(lives,30))                        # 绿色进度条随 lives 变化
    deathprogress=pygame.transform.scale(deathprg,
(100-lives,30))                    # 红色进度条随 100-lives 变化
    screen.blit(livesprogress, (700,0))
                                    # 将绿色进度条放置在相应位置
    screen.blit(deathprogress, (700+lives,0))
                                    # 将红色进度条放置在相应位置
    # 生命值小于 0 时，退出循环
    if lives<=0:
        keep_going=False
    pygame.display.update()         # 更新屏幕，显示图片
    t.tick(10*hardchoice)           # 每秒刷新画面的次数
# 画面停留 2 秒后退出
time.sleep(2)
pygame.quit()                       # 退出 pygame 游戏
```

附录 A
安装 Python

学习 Python 编程之前，首先需要有 Python 的编程运行环境。这就需要把 Python 安装到计算机中。安装完 Python 后，计算机中会有一个 Python 解释器（负责运行 Python 程序）、一个命令行交互环境，还有一个简单的集成开发环境。

视频讲解

跨平台问题

在 Windows 操作系统上编写的 Python 程序，放到 Linux/UNIX 操作系统上也是能够运行的。这是因为 Python 是跨平台的，它可以运行在 Windows、Mac和 Linux/UNIX 等各种操作系统上。这里给大家介绍的是，在最常用的 Windows操作系统上，安装 Python 程序的步骤。

安装哪个版本：2.x 还是 3.x ？

Python 的官方网站有两个版本：一个是 2.x 版，一个是 3.x 版。大家需要注意的是这两个版本是不完全兼容的。也就是说，针对 2.x 版本的代码，有些要修改后才能在 3.x 版本上运行。许多第三方库还是基于 2.x 版本的，暂时无法在 3.x

上使用。

虽然 Python 目前 2.x 版本较为成熟，为了跟进 Python 的演进步伐，我们的程序案例以 3.x 版本为基础，准确地说，是 3.7.0 版本。

为了让大家能够顺利地运行本书上的程序案例，这里介绍在计算机上安装 Python 3.7.0 版本的过程。

Python 的安装过程

01 安装包下载

打开 Python 的官方下载网页：https://www.python.org/downloads/，如图 A-1 所示。

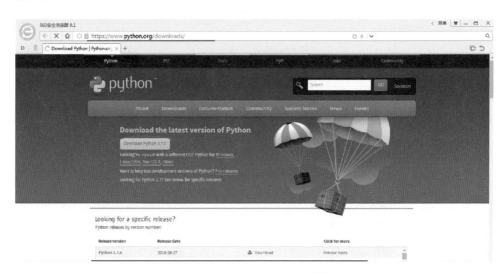

图 A-1　Python 官方下载页面

02 安装 Python

在 Windows 操作系统上运行下载好的 Python 安装包（双击 python-3.7.0 文件），

如图 A-2 所示，选中 Add Python 3.7 to PATH 复选框，在出现的页面选择 Install Now。

图 A-2　运行下载好的 Python 安装包

　　随后出现如图 A-3 所示的安装进度，继而出现如图 A-4 所示的页面，表示安装完毕。

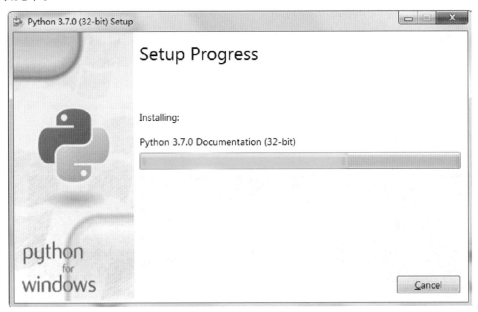

图 A-3　Python 安装进度

图 A-4　Python 安装完毕

03 测试 Python 安装环境

打开 Windows 的命令提示符窗口（cmd），输入 python 命令，看到如图 A-5 所示的界面，说明 Python 安装成功。

Python 的提示符为 >>>，表示此时已经在 Python 交互式环境中了，可以输入任何 Python 代码或命令，如 help()，copyright()，甚至 35*85，按回车键后，可立刻得到执行结果。

如果想退出 Python 交互式环境，输入 exit() 并按回车键，就可以了。当然，也可以直接关掉命令提示符窗口。

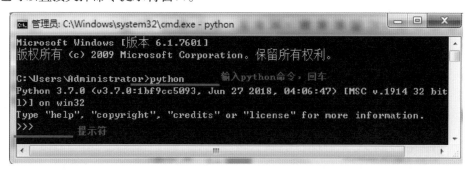

图 A-5　Python 安装成功

　　有成功，就会有失败。当你在 Windows 的命令提示符窗口输入 python，按回车键后，有可能会得到一个错误：'python' 不是内部或外部命令，也不是可运行的程序或批处理文件。这是因为在安装时，漏掉了选中 Add Python 3.7 to PATH 复选框。Windows 会根据一个 Path 的环境变量设定的路径，去查找 python.exe。如果没设置好 Path 环境变量，就会报错。你需要手动把 python.exe 所在的路径添加到 Path 中，或者把 Python 安装程序重新运行一遍，在出现的界面上选择 Modify，然后单击 Next 按钮，出现如图 A-6 所示的界面后，记得选中 Add Python to environment variables 复选框。

图 A-6　选中 Add Python to environment variables

附录 B
安装 pygame

现在 Python 已经能正常工作了。为了能用 Python 来编写游戏，我们需要安装 pygame。

视频讲解

pygame 是一个 Python 的库，能够让我们更容易地写出一个游戏。它提供的功能包括图片处理和声音重放的功能，并且它们能很容易地整合进我们的游戏里。

01 下载 pygame

下载 pygame 的官网是 http://www.pygame.org/download.shtml。我们需要选择针对 Python 3.7 的 pygame 版本。从如图 B-1 所示的页面中找到最新的版本，选择 on PyPI。

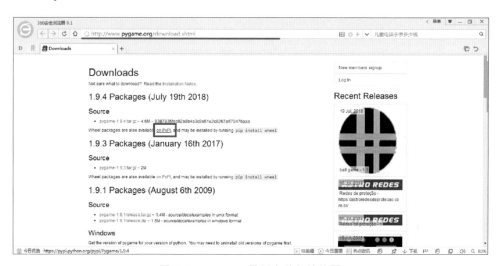

图 B-1　pygame 最新安装包的位置

在 Download files 中选择适合于 Windows 操作系统和 Python 3.7 版本的 pygame，如图 B-2 所示。

图 B-2　选择 pygame 安装包

02 安装 pygame

在 Windows 操作系统中，下载好的 pygame 安装包（pygame-1.9.4-cp37-cp37m-win32.whl）放在 D 盘根目录。我们在命令提示符窗口（cmd）中使用 pip install 命令安装它。

pip 是 Python 的内置命令，在 Python 3.5 及其以上版本中自带了 pip 工具，只需调用即可。如果在安装 Python 3.7 时，pip 工具没有安装成功，可以双击下载好的 Python 3.7 安装包，出现如图 B-3 所示界面。

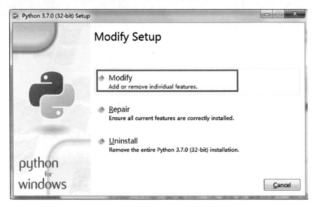

图 B-3　Python 3.7 安装设置页面

231

然后，单击 Modify，在出现的如图 B-4 所示的界面中，选择 pip 工具，然后一直单击 Next 按钮，直到安装完成。

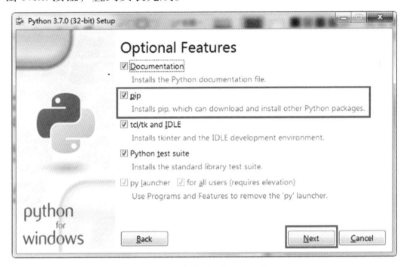

图 B-4　选中安装 pip 工具

使用 pip install 安装 pygame 的格式是 pip install +pygame 安装包名称，如图 B-5 所示，出现 Successfully installed 提示，即完成安装。

图 B-5　安装 pygame

03 验证 pygame 是否安装成功

打开 Python 的 IDLE（Python 的图形界面运行环境，也就是 Python 的 Shell），或者是在命令提示符窗口中运行 Python，输入 import pygame，并且按回车键。如果没有提示错误，过一会又出现 Python 提示符 ">>>"，说明 pygame 已经安装好了，没有问题，如图 B-6 所示。

图 B-6　pygame 安装成功

如果显示打出了如图 B-7 所示的输出，说明 pygame 没有被安装好，需要选择符合 Python 3.7 的 pygame 版本重新安装。

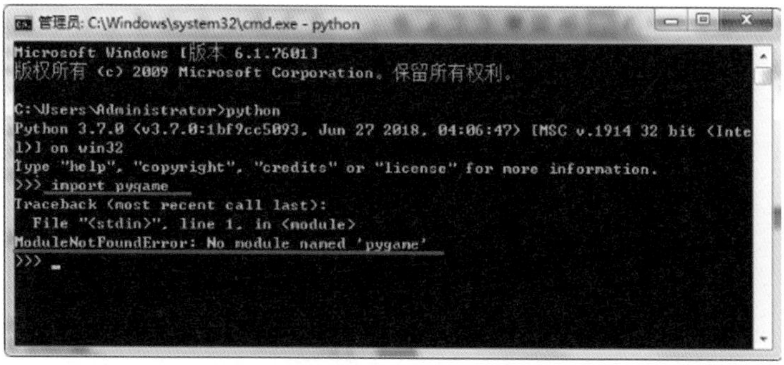

图 B-7　pygame 没有安装成功

安装注意事项：

（1）选择匹配你的操作系统的 Python 版本，对于后续的程序测试，可省掉很多不必要的麻烦。

（2）安装 Python 时，记得选中 Add Python 3.7 to PATH 复选框。

（3）安装的 pygame 的版本，也要匹配你的 Python 版本。

参 考 文 献

[1] 董付国，应根球.中学生可以这样学 Python[M].北京：清华大学出版社，2017.

[2] PAYNE B. 教孩子学编程 (Python 语言版) [M].李军，译.北京：人民邮电出版社，2016.

[3] LIE HETLAND M.Python 基础教程 (第 3 版)[M].袁国忠，译.北京：人民邮电出版社，2018.